孤独修心课

与孤独共处的9个习惯

[日] 和田秀树 著
冯莹莹 译

新世界出版社
NEW WORLD PRESS

北京版权保护中心引进书版权合同登记：图字01-2021-2559

图书在版编目（CIP）数据

孤独修心课：与孤独共处的9个习惯 /（日）和田秀树著；冯莹莹译. -- 北京：新世界出版社，2021.7（2021.11 重印）
ISBN 978-7-5104-7282-4

Ⅰ. ①孤… Ⅱ. ①和…②冯… Ⅲ. ①心理学－通俗读物 Ⅳ. ① B84-49

中国版本图书馆 CIP 数据核字（2021）第 083289 号

孤独修心课：与孤独共处的 9 个习惯

作　　者：[日] 和田秀树
译　　者：冯莹莹
责任编辑：丁　鼎
装帧设计：主语设计
责任校对：宣　慧
责任印制：王宝根　高　金
出　　版：新世界出版社
网　　址：http://www.nwp.com.cn
社　　址：北京西城区百万庄大街 24 号（100037）
发 行 部：(010)6899 5968（电话）　(010)6899 0635（电话）
总 编 室：(010)6899 5424（电话）　(010)6832 6679（传真）
版 权 部：+8610 6899 6306（电话）　nwpcd@sina.com（电邮）
印　　刷：天津旭丰源印刷有限公司
经　　销：新华书店
开　　本：880mm×1230mm　1/32　尺寸：145mm×210mm
字　　数：100 千字　印张：5
版　　次：2021 年 7 月第 1 版　2021 年 11 月第 2 次印刷
书　　号：ISBN 978-7-5104-7282-4
定　　价：45.00 元

前　言

我一直如此“孤独”

作为一名精神科医生，我已有 30 多年的从医经验。

目前，我最感兴趣的课题就是“孤独”。很多现代病理学研究都认为孤独与疏离感是精神疾病的病因所在。

很多人将“孤独”简单地理解为一个人窝在家。其实在当今日本社会，除了那些真正意义上的“窝家族”之外，还有相当多的“准窝家族”，这些人每天除了公司或学校外几乎不去其他地方，而日本的“准窝家族”数量已超 100 万人。

其实，所谓的酒瘾、购物瘾、性瘾、赌瘾、网瘾及网游瘾等都与孤独紧密相关。

请试想一下，我们很少听闻某人因为和朋友一起去购物或赌博而染上了购物瘾或赌瘾，而那些经常在厨房里自斟自饮的人则更易沦为“瘾君子”。

因为他们身边根本没有能劝解、开导自己的人。

众所周知，很多性侵受害者或灾难幸存者都遭受了严重的精神创伤，他们大多变得性情孤僻、郁郁寡欢。“为何没人能体会我的苦楚……”这种排他想法就是病理学中最明显的表现，这种精神创伤会彻底打破个体对所处世界的基本信任感。

用于划分校内学生等级的“受欢迎度排名”就缘于学生害怕被排斥的心理。有的人看起来交友甚广，却无一人可吐露真言，这种疏离感让他们备感苦恼（30 多年前，精神分析学家小此木启吾先生将之称为“从众型孤独症”）。

“厕所用餐综合征”（因无餐伴感到极度羞耻从而躲进卫生间用餐）也一度成为热门话题。这也是因为担心被人嘲笑无朋友而采取的极端之举，其病理表现为对他人的极度不信任，也可称为孤独感或疏离感。

例如，Monster Parent（怪异的父母）及离家出走的老人，这些现象都源于无人为伴的疏离感，继而引发过激行为。

人类并不具有超强的抗压力。

孤独感与疏离感是现代精神疾病的病理学成因，它们会使人心理扭曲，也是产生压力的直接原因。

然而，上述那些被定义的病症仅是孤独感与疏离感所衍生出的问题的一小部分。在现实生活中，还有很多病理表现程度较轻的症状，如有些人无法在自己家里彻底放松，有些人不愿对别人说出心里话，还有一些人为取悦他人而心力交瘁。

这些人看起来活得顺风顺水，其实关系网里的朋友越多就越反衬出他们身上的“无形的孤独”。很多人在不知不觉中耗尽心力，更有甚者还患上了各种依赖症及精神障碍性疾病，长期受困于莫名的寂寞与不安之中。

学会以孤独为友会给自身的精神世界及人格带来深远的影响。

涉及“孤独”一题的文学作品和格言不在少数，如何以孤独为友更是一道超越国界的人生命题。

我认为，在当今这个似乎能让孤独无迹可寻的时代，主动直面孤独感与疏离感要比被动接受更为重要。

“孤独”究竟为何物？是什么让我们认识不到孤独？应如何与孤独为伴？

只有深入思考这些问题才能认清社会的本质，培养出独创性思维方式，这会更有利于我们完善自身人格，构建坚韧不屈的精神世界。我认为，这正是现代人所需要的“孤独疗法”。

最近，那些广受追捧的所谓如何提升个人魅力的书籍大多治标不治本，其荒谬言论不攻自破。

无论是站在一名精神科医生的角度，还是从个人的实际感受出发，我认为善用孤独疗法的同时，再结交几个知己好友，就可以在某种程度上学会与孤独为伴。

萌芽于少儿期的知音难觅之感已伴随我近 40 年。

一次偶然的机会，我结识了一个能开诚布公地进行交流的文化团体，他们都喜爱葡萄酒，大家会在酒醉之时互诉衷肠，通过逐步消解人与人之间的不信任感而使孤独得到充分释放（虽说不能彻底消除，但保留某种程度的孤独又何尝不可呢）。不可否认，从那之后我至少学会了坦然面对他人。

手握本书的读者朋友们，您一定对那些流于表面的交际厌烦至极，内心非常渴望一种更真实、更贴近本源的思维方式，于是您拿起了这本书。也或者，您外表看起来风光无限，内心却早已想要告别那个孤独又疲惫的自己。

孤独感与疏离感是任何人都无法回避的终极命题。

虽然我并不认为自己有能力解答这道命题，但 30 多年的从医经历让我在积累经验、观察社会的同时，能更深入地思考这个问题。

为何我得以摆脱孤独感？

这里，我要将自己的观点与想法倾囊相赠。

希望您能从本书中得到某些启发或能感到片刻轻松，又或者您能在它的帮助下成长为一个真正有底气、有魅力的人，那将是作者之一大幸事。

和田秀树

目录
Contents

第一章

停止从众

第一章

停止从众

有人能活出自己，有人则不能。

回归“我本位”

我是谁

此刻，您是否敢于发自心底地说出“我就是我”这句话?

也许有些人的自我存在意识较强，但有时也会看不清、弄不懂自己。

“我真想这么做吗？”

“我是发自心底这样想吗？”

“我的想法与别人的观点有何不同？”

“我与他人有何区别？”

“‘我’到底是谁？”

人们在这样思来想去的过程中逐渐陷入迷茫，越发弄不懂“我”是谁。

产生孤独感与疏离感的根源就在于对“自我”存在的不确定性。

当你能充分认清“自我”时，就会从容面对他人的指责，偶尔的犹豫、彷徨也不会妨碍你选择属于自己的路。反之，如果做不到这一点，就会在他人的否定声中逐渐丧失原有的自信，变得随波逐流、盲目屈从，并最终扼杀了真实的自己。虽然我们讨厌这样的自己，不过各位读者都有过类似经历吧。

“知音难觅！”

“我就是个可有可无之人。”

当你认不清自己时，脑中会被这类念头填满，仿佛已丧失了奋斗下去的勇气，内心充满了对人生的失望与感伤。

那么，如何正确对待这种孤独感与疏离感呢？首先要正确认识自己。

我因何来到世上

耐人寻味的是，日本文学巨匠夏目漱石先生也曾抱有同样的疑问。

作家的成长经历稍显曲折，出生后曾两度被领养，9 岁时因养父出轨而导致养父母离婚，然后他返回了亲生父母家，但直到 21 岁时都无法重新加入自家户籍。还有人认为，夏目漱石年幼时曾一度认为祖父母才是自己的亲生父母。

正因为他成长在如此复杂的家庭环境中，所以一直受困于这道无解难题——“我因何来到世上？”

之后，夏目漱石考入了日本最高学府——帝国大学（即之后的东京帝国大学）的英国文学专业，并于毕业后在高等师范学校担任英语教师，已然成了一名社会精英。

然而，无论是学习文学还是从教，他都毫无兴趣。

在夏目漱石晚年的自传体小说《道草》中，主人公健三有这样一句话：“你到底是为什么而来到这个世界上呢？”这也是作者对自己的疑问。大正三年（1914 年）夏目漱石在学习院（日本皇族及贵族子女接受教育的学校）演讲时曾谈起：“虽然我明白来到这个世上必须要有所作为，但我依然不知道如何去做，就像一个深陷迷雾的孤独者般裹足不前。”（选自夏目漱石《我的个人主义》）

“我因何而生？”

“不知道如何去做。”

我相信，夏目漱石的烦恼也是当代很多人抱有的典型烦恼之一。无论是文学泰斗还是寻常百姓，都逃不开这个问题。

“他本位”是内心不安的源头

烦恼在继续，我们在跟现实的不断妥协中逐渐成长。

有些人的工作并不如意，但他们会调整心态以博得认可，还会信心满满地规划着未来。然后在不知不觉中，逐渐发现了这份工作的意义，从而变得更有斗志。也有些人为了家务琐事和儿女操劳半生，即便偶尔感叹“自己的人生价值何在”，但家人的笑颜却让他们来不及多想，继续忙于眼前之事。

但是，对于夏目漱石而言，这个自青年时期起就产生的疑问——“我因何来到世上？”却一直困扰着他。作家在33岁时，被日本文部省派往英国留学，然而他踏遍伦敦的大街小巷，却找不到自己想要的答案。他既无心游览异国风光，也无心研读文学著作，整个留学生活过得枯燥而乏味。

最终，夏目漱石给文部省提交了一份“白卷”报告书，并被迅速召回国。这次留学经历让作家患上了严重的神经衰弱，甚至陷入了抑郁。

不过，作家在留学期间却有一项重大发现，在此引用其原话。

“我终于发现，正是之前的‘他本位’思想让我像无根浮萍一样随处飘零、惶惶不安。”（选自夏目漱石《我的个人主义》）

夏目漱石由此得出结论：毫无主见的盲从、盲动的“他本位”生活是导致自己内心不安的直接原因。

如果只重视外在而忽略自身价值标准的建立，便很难实现真正的心安理得。

换位思考能带来自信

与“他本位”一词相对的是“我本位”。夏目漱石曾提出“自己为主，他人为客”的理念。

“手握‘我本位’这一词，我强大了许多。……仿佛多年的顽疾终于找到了对症良药。”（选自夏目漱石《我的个人主义》）

夏目漱石身处文明开化期的日本明治时代，他主张日本人不应受制于西方人的思维方式及文化，应坚定自己作为独立个体的信念。不过，该理论并不局限于欧美和日本之间的文化对比研究领域。

对于当代人而言，就是不要处处唯他人马首是瞻，要对自身有充分的认识。

换言之，“我有我的人生，你有你的人生”。

对他人盲从并不能换来内心的平和与自信。无论你将别人的观点说得多么天花乱坠，也无法使它融入自己的血液，而只会增加内心的不安。

归根结底，自己的梦只能自己圆。

对此，夏目漱石曾说过：“要是没找到‘治病良方’，我的人生将一片灰暗，将永远过着卑躬屈膝、惶恐不安的生活。”

我所倡导的“从众会带来不幸”的观点与此极为相似。

我们每个人必须具备一种不断思考的能力，去深究那些让自己感到不安的源头。

为此，必要的知识储备与独到的见解尤为重要，只有用自己的头脑去思考问题才会发现孤独存在的必要性。

为何要从众

孤独引起的三种应激反应

如果孤独产生于“我是谁”这一人类的终极命题，那么就不难推导出“人类在本质上就是孤独的”这一结论。

即便你发现了自己的天赋，找到了人生的价值与意义，也无法回避这道命题，就像所有人都无法摆脱的宿命。

然而，为什么我们都不愿承认自己很孤独呢？

有些人事业有成，手眼通天；有些人交友甚广，家庭和睦；还有些人儿孙满堂，德高望重。在别人看来他们活得顺风顺水，完全与孤独无缘，让人艳羡不已。

“他总是那么快乐啊！”

“他总是笑容满面啊！”

对比之下，自己就越发显得孤独寂寞、形单影只。

然而，这些所谓的“成功人士”在本质上也不过都是孤独的个体，这一点毫无疑问。只不过他们对孤独的感受度要低于其他人，即便如此我们也会不由自主地羡慕他们，并且在产生孤独感与疏离感的时候下意识地保护内心不受伤害，这在精神医学中被称为“应激反应”。

我认为，产生于现代社会中的应激反应主要有三种类型。

第一种为从众型。即听大家听的音乐、看大家看的电视节目、穿大家穿的服装，无论谈话、做事都尽量与他人保持一致，以此来消除被排斥感。

第二种为网络交际型。即通过在 SNS（社交网站）及留言板上留言、聊天，在需要时进行一些非见面式的交流。这种交际方式的心理负担较小，虽然不如面对面交流直接，却也不失为一种遮掩孤独的方法。

第三种为沉迷网络及游戏的与世隔绝型。即因无法调和与现实社会的疏离感，而将自己完全沉浸在虚拟世界里。

“温和的叛逆青年”vs“X 世代”

我认为，上述三种应激反应中的前两种会给当下的社会氛围与民众意识带来显著影响。

您是否知道获得日本 2014 年度新词·流行词大奖提名的“温和的叛逆青年”一词？该词出自博报堂品牌设计青年研究所所长原田曜平先生的著作《叛逆青年经济消费的主角

与新保守阶层的真面目》（幻冬舍新书）。

该书指出，曾给人以叛逆印象的年轻人正逐渐消失，而态度温和、做事谨慎的年轻人却越来越多，即便驾驶改装摩托车也会戴起头盔，并自觉遵守交通规则。这些温和严谨的年轻人通常有如下特征：

· 大多生活在远离市中心的城乡部。

· 低学历、低收入者偏多。

· 喜欢当地环境，其活动范围不超过以自家为圆心、5 公里为半径的区域。

· 无论年纪多大也会和初中时的朋友一起玩耍。

· 常回家啃老，成家后与妻儿关系较好。

· IT 读写能力较低。

· 消费欲强于其他阶层，对于普通年轻人感兴趣的汽车、摩托车、香烟、弹珠机、名牌等并不在意，有一些另类的消费倾向。由于时常回家啃老，其可支配收入要高于自身收入水平。

· 休闲场所为大型商业街、卡拉 OK 及保龄球馆。

· 男性的偶像为 Exile，女性的偶像是安室奈美惠。

我们暂且不讨论“温和的叛逆青年”是不是真正意义上的“青年”这一问题，当我听到该词时，首先想到了 20 世纪 90 年代美国的热点话题——“X 世代”。

所谓“X 世代”，指的是在美国生于 1961 年至 1981 年间的人，其特征有：

· 住在乡村（老家）。

· 房子大多附带小型车库。

· 月收入多为 20 万至 30 万日元的中低收入水平。

· 在大规模裁员的背景下进入社会，面临巨大的就业压力。

· 大多驾驶单厢式两用轿车（皮卡）。

· 人生乐事就是和家人驾车去便宜的汽车旅馆度一个小长假。

· 对政治及社会漠不关心。

· 多为性格内向的个人主义者。

· 最喜欢和朋友在家庭餐馆聚会。

看了上述内容，您难道不觉得“X 世代”与当代日本的“温和的叛逆青年”极其相似吗？

提倡从众的 20 世纪 90 年代美国郊区型社会

我曾于 1991 年至 1994 年期间留学美国，恰逢人们对“X 世代”这一社会现象的关注度最高。于是，我在对实际见闻进行分析的基础上，进一步探讨了日本人的心理构成情况，并写就了《精神分裂的日本人》一书。该书也是我首次从精神科医生的角度来阐述日本人的内心世界。

我于留学期间居住在堪萨斯州的首府托皮卡市。堪萨斯被称为美国的“超级乡村”，当时的常住人口有 240 万，面积相当于日本国土面积的 60%，且多为平原地貌。

托皮卡虽为州首府，却是一个人口不过十几万、高层建筑不过数栋的“泛乡村型”城市。虽然那里的乡村气息较为浓重，但商业街与大都市的商业街并没两样。在商店里 GAP 等服装品牌应有尽有，甚至还有沃尔玛这类大型超市。

如此一来，人们就无须特意前往大城市购物。

当时，“X 世代”已成为美国青年的主流，当地高中生的成绩优异者多为人口占比较少的华人。白人和黑人毫无进取心，从没想过努力学习考入名牌大学继而出人头地。

并非只有堪萨斯才出现这种情况，那些居住在纽约郊区的“X 世代”中也有很多人甚至连曼哈顿都没去过，尽管曼哈顿距他们不过几站电车的距离。

除去纽约、洛杉矶、波士顿、旧金山等少数几座城市，美国其他城市的模式几乎完全相同，简直就是“克隆之国”。

人们选择同样的马克杯和汤勺作为礼物（除了商标不同），吃着同样的食物，穿着同样的服装，泡在同样的酒馆里。

很多城市毫无地域特色可言，满眼充斥着似曾相识的“风景”，让旅行变得乏味无趣。

过分从众会丧失个性

我想很多读者看到这里都不禁惊叹，20 世纪 90 年代的美国与当今日本的地方城市是何其相似啊！

目前，日本地方城市之间的相似性正逐渐加剧。矗立在高速公路两旁的快餐店、连锁餐饮店鳞次栉比，郊外的大型商业街接连拔地而起，而特色小街却走向末路。驱车前行，满眼都是相似的景致。不过，最令人费解的是商业街竟成了人们周末出行的首选，任何地区商业街的停车场总是拥挤不堪。

无论是优衣库、无印良品、GAP 等服装品牌，还是星巴克、麦当劳、甜甜圈等快餐品牌，以及家庭餐厅、便利店等都是应有尽有，让身处乡村的人们充分感受到了城市生活的便利。

然而，正如美国的“X 世代”引发的个性丧失、毫无存在感等问题一样，日本地方城市的趋同化也带来了同样问题。

美国精神分析学家、人类文化学家埃里克森为个性论的倡导者，他通过以下两个要素定义了个性。

首先，真正的“自我”具备与过去“自我”的紧密连续性。

其次，有足够的自信让他人正视这样的“自我”。

满足以上两点者，即可定义为“个性化”。具体说来，就是对“我从何处来”“我是谁”有着明确认识，同时确信外界对自己也抱有同样认识。然而，过度均等化却削弱了这种个性化感受，让很多人都迷失了自我。现代日本社会正呈现出“失去自我、盲目从众”的窘态。

孤独引发的“应激反应”之“从众型”

如果人们不能坚持个性，就会惶惶不安、备感孤独，同时还会丧失对于自身的归属感，凡事都要察言观色、如履薄

冰。如此一来，孤独引发的应激反应使得他们更加屈从于他人。很多人表面看似长袖善舞、八面玲珑，其实他们在待人接物中压根儿没投入感情，一切不过是逢场作戏罢了。

为什么有些人谈及熟悉的话题或身处熟人中间便会备感心安，那是缘于他们只对与自己有关的交谈感兴趣。

不要逃避孤独

对孤独的应激反应反而加剧了孤独感

如前所述，“从众”不过是人类对孤独的一种应激反应。随着从众程度的加深，“自我”的缺失也越发严重。当你自身及他人完全否定了你作为个体的存在时，个性化的丧失会更加彻底。

因孤独而从众，反而会变得更加孤独。

这是一个互相矛盾的恶性循环。

在这个孕育均质文化的当代社会里，人们的从众度越高，越容易将孤独内涵化、隐秘化。

其实，从众仅是在表层上消除了孤独，给人以摆脱孤独的错觉。所谓“均质文化”就是一种将孤独巧妙隐藏起来的社会现象。加之现代社会中，像便利店、网络这样用来遮掩孤独的工具一应俱全。我记得，一位自家楼下设有便利店的朋友曾笑着对我说：“我家的冰箱就是便利店啊！”总之，只要有便利店，他就可以随时吃到各种美味。

即便每天下班回家后无人送上热腾腾的饭菜，但便利店至少能让他填饱肚子，我认为这才是最要命的“窝家法宝”。

同样，网络也能简单构建起个体与社会之间的微妙联系。我们既可以上网看电影、玩游戏，又可以关注新闻时事，你会感觉自己仍是社会中的一分子。

三十多岁独身男子的内心世界

前几日，一位就职于乡村政府机关的单身男对我讲起了他的故事。35岁左右还独身的他，对于周围人的异样目光及双亲的催促备感压力，于是想尽快成家。因此，他尝试参加各种相亲活动以增加接触异性的机会，然而，结果并不尽如人意。当他拒绝了主动跟他搭讪的女性时，不仅不会沮丧还暗自松了一口气。

这位人到中年的先生虽没有任何与女性交往的经验，却自有乐享单身生活的秘籍。闲暇时他喜欢上网，比如听音乐、搜寻有趣的网络漫画，还喜欢用DVD看大片、玩游戏机。此外，他还可以随时与朋友、同事去酒馆小酌一番。

每当他一想到某个女人将打破这种无拘无束的生活，就会感到无比恐惧。可是，当我问他是否满足于现状时，他却表示自己仍然非常渴望寻觅到人生伴侣。

他的一番话让我很有感触，其实他害怕的并不是被某个女人打乱原有生活，而是自己必须直面网络遮掩下的孤独感。

除去“假面”一无所有的人

值得庆幸的是，现代社会给我们准备了很多能使人忘记孤独的装备，这些装备将孤独遮盖得天衣无缝。然而，随之而来的从众心理却又带来很多潜在风险。

例如，有些人看似长袖善舞、八面玲珑，其实是不会真心诚意地与人交往。读到这里，我想很多人都会对号入座吧。

如前所述，庆应大学的小此木启吾教授早在三十多年前就将这种人际交往定义为“从众型孤独症”。

虽然极力在众人面前展示活泼开朗的自己，却无法对他人倾诉内心的不安情绪。

由于这类人无法实现与他人的情感互通，其本质与“窝家族”并无区别。他们并不在意对方是否真诚，虽然表面看起来挥洒自如、口若悬河，其实是在根据不同场合、对象来选择不同的“假面”，从而将自己的真实想法巧妙地隐藏起来。

“从众型孤独症”的特征

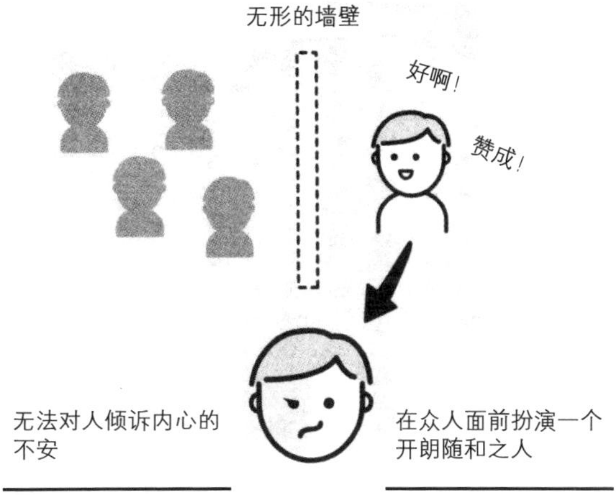

英国的精神分析学家维尼科特将之定义为“假面”与“真我”。

现实生活中，我们每个人都戴着“假面”在社会上打拼，所以“假面”本身并无问题。关键是有些人除去“假面”竟然一无所有。

越是缺乏自信的“他本位”者所佩戴的“假面”越坚固，从众心理也最严重。

这样做只会进一步加剧个体的孤独感。

对此，精神科医生常给出“社会适应性较好，病状较轻”

的诊断，仔细想来，那些真正的“窝家族”及宅男宅女的自我意识要比“从众型孤独症”患者更强，这两类人群都有各自的纠结与烦恼，但后者的内心压力并不亚于甚至超过了前者。

我认为，他们首先应意识到从众并不会给生活带来正向效应。

由假想和谐演变为脱离正轨

“中产阶级之梦”幻灭的三个瞬间

从众还会引发更为现实的社会问题。

不知您是否看过美国在2002年上映的一部名为《迫在眉睫》的电影，该片深刻讽刺了美国的医疗制度及医疗保险体系，成为当时的热议话题。

片中由丹泽尔·华盛顿扮演的约翰·Q不幸成了工厂的裁员对象，被降格为计时工。每逢看到报纸里的招聘信息，他都不禁长叹一声,重新就职的美梦就在一次次失望中幻灭了。同时，由于他未能如期支付贷款，妻子杰妮的车也被银行没收了。尽管约翰多次跟对方请求没有车妻子无法去上班，对方却毫不理会。儿子迈克的灿烂笑容，成了约翰一家唯一的快乐源泉。不幸的是，迈克突然被诊断出患有严重的心脏病。

约翰请求医院将儿子列入等待心脏移植患者的名单里，然而计时工的医疗保险并不适用于这种大型手术。虽然约翰夫妻四处奔走筹钱，却依然无法支付高昂的医疗费用，院方甚至要把迈克赶走。无计可施的约翰终于走上了绝路，他占领了急诊大楼并挟持数名医生及患者为人质，要求医院立即将迈克列入等待心脏移植患者的名单里。

该部影片深刻揭示出美国在医疗制度及保险体系方面存在的诸多问题，非常耐人寻味。然而，它的深意远不止于此。

该影片还指出了美国中产阶级之梦幻灭的三个瞬间。

· 家人患病的时候。

· 孩子想上大学的时候。

· 一年一次的度假无法兑现的时候。

“X 世代”有房有车，每年夏天的两周假期更让他们倍感惬意，表面看来就是生活富足而平稳的中产阶级家庭。

就连他们自身也有这种优越感。

然而，一旦家人生病或发生意外，他们根本没有临时救急的钱。平日微薄的工资大多被消费殆尽，存款几乎为零，此时他们才真正意识到自己原属贫困阶层中的一员。这些家庭大多无法为孩子支付高昂的大学学费，因此，我们会经常看到美国的助学贷款压力过大这类报道。

更可怕的是该问题并不限于美国，日本同样是在劫难逃。

从贫困的角度来解读孤独

这是我从某地方报社的朋友那里听来的故事。在乡村一个年收入能达2000万至3000万日元的家庭完全称得上中产阶级，家庭成员生活得非常滋润。

他们与父母同住，丈夫驾驶的是最受“温和的叛逆青年”喜爱的小型面包车，妻子驾驶的则是小型汽车，全家人每月会去家庭餐厅或回转寿司店用餐。大概很多生活在乡村的人都是这种状态。

这种生活原无可厚非，可一旦家里有人患病或孩子要上大学时，问题就来了。

举个例子，在福冈最好的县立高中里有很多成绩优异却因经济原因无法升入理想大学的学生，为此政府正计划设立专项基金。这些孩子明明有能力考入东大（东京大学），却苦于父母无法负担考试报名费、交通费及住宿费等各项开支而不得不委屈地选择了当地的大学。

如果一个家庭连考生的交通费都负担不起，那今后的住宿费以及年年上涨的学费更是无从谈起。

从前日本曾处于“全民中产阶级”的时代（20世纪70年代时很多日本人自认为已属中产阶级），很多家庭都将孩子送进大城市的大学里读书，尽管有些学生因经济原因未能如愿，但绝大多数家庭都会设法通过借读生等形式满足孩子上名牌大学的愿望。同时，孩子们自身也会为获得亲友的褒奖以及美好的未来而奋力拼搏。

当今日本虽已属发达国家，但无法实现孩子“名校梦”的家庭反而越来越多，这无异于一种倒退。这种现象在那些远离东京的地方城市里尤为明显，如果任其发展下去，就不单纯是某个地区或某种技术层面的问题，整个日本都有可能重蹈美国的覆辙。

当你和别人一样在本地就业、生活时，稳定的朋友圈可能会让你暂时忘却对未来的不安，但终有一天你得直面这些问题。

摆脱从众心理的人

其实，这类贫困问题就发生在我们身边。以下是一封我的读者来信。

“我父亲今年已 68 岁，是一名重度帕金森综合征患者，而且病情还在逐年加重。他对今后的晚年生活忧心忡忡，主要是经济方面的问题。虽然帕金森综合征病患的医疗费用全由国家承担，但我们担心该政策是否能一直持续下去。如今国家正在削减医疗开支，也许以后住院时等病情稍有好转就需要立刻出院，而患者的后续看护工作就需要由家人来承担。

“这正是问题的症结所在。父亲每月仅能领取 7 万日元左右的退休金，数百万日元的存款根本无法为他的晚年生活提供充分保障。虽然他有自己的房子，但那栋乡下老宅几乎不值一文。我们家有兄妹二人，但各自生活都很拮据，根本无力帮衬父亲。如果您身处我的境遇中，该如何平衡照顾父亲与自己生活之间的关系呢？”（节选）

当我在现实中遭遇这类问题时，除了告诉对方找福利机构人员或专业看护人员咨询外，也无法给出更好的建议。我认为，良好的教育可以使子女尽可能避免陷入此类困局，同时家长自身也要积极搜集各类相关信息以掌握主动权。

这位读者不仅预见到未来的困难，还在设法解决，可以说她正在摆脱从众心理的束缚。

不要轻言放弃

从“孤独”的角度来看，这种贫困现象就是人们为“从众”衍生的安稳感所付出的代价。

如果你盲目认可政府对富裕阶层的种种优惠政策，同时也对政治漠不关心，那么你就无法准确阐述自己的种种不满与担心。

“真是莫名其妙啊！”

“我是不是吃亏了？”

即便内心存有疑惑，却无法认清各种社会问题的实质，盲听盲从只会降低自身对事物的认知能力。

所谓贫困，不过是社会生活带来的疏离感。

让我再次回到《迫在眉睫》这部电影中，主人公约翰为了儿子的心脏移植手术而被迫挟持人质、据守医院，说明他当时已处于孤立无援的境地。虽然约翰的行为已构成犯罪，但他的确是救子心切。

如果你处在约翰的位置，是无奈放弃还是拼死一搏？这个问题归根结底就是“选择被孤独吞没还是战胜孤独”的问题。

对此，盲目从众者是很难有所作为的，因为拼死一搏就意味着自己要跳出这种假想和谐的环境。

我们每个人都有必要重新思考一下一个有血有肉的人应有的生活方式。

第二章

交友要宁缺毋滥

孤独与『疏离感』不同，为何有伙伴也会不安？

了解孤独的优势

孤独的天才们

世间被称为“天才”者数不胜数，追溯他们的人生轨迹你会发现，几乎没有人不曾孤独过。

发现万有引力的著名物理学家牛顿在出生 3 个月后，父亲就去世了，3 岁时母亲又改嫁，他自幼就成长在缺少父母关爱的环境里。由祖母带大的牛顿逐渐养成一种善思、沉静的内向性格，他没有玩伴还经常被同龄的孩子取笑。也许是为了消磨空闲时间，他竟把家里各处都刻上了日晷，儿时的牛顿就是这样一个与众不同的小孩。

另一位天才就是被称为“20 世纪最伟大的科学家”的爱因斯坦，他的相对论将原有的物理学理论提升到一个前所未有的高度。然而，就是这样一位天才曾被认为患有学习障碍症，即对感兴趣的事物非常着迷，而对没兴趣的事物则不闻不问，尤其是语言表达能力不及常人的一半，甚至在 5 岁时仍不会说话。爱因斯坦上学时偏科非常严重，数理化成绩优异，历史、语文等科目的成绩却一塌糊涂，这也导致他在升入苏黎世联邦工科大学的考试中曾一度落榜。

大学毕业后，爱因斯坦的很多同学都选择留在大学任教，而他却因被教授嫌弃“懒惰”而无法留校。不得已他只好边打工边找工作，就这样过了两年，他终于在一家专利局谋得了职位。对爱因斯坦而言，这两年的无业生活让他饱尝了无人认可的孤独感。

可以说，后来那项震惊世界的重大发现与这种“孤独”不无关联。

他们非但没被孤独打垮，还能借此机会进行更深入的思考。

孤独与思考的相容性

法国著名作家司汤达曾说过：“天才不会让自身思想局限于凡人铺就的轨道。”我认为这句话堪称经典。

孤独为我们提供了一个能充分思考的时间，让我们深入研判各种社会现象与问题。正是这种习惯造就了天才们的独创性思维能力，并最终使他们在科学领域里取得重大成就。

也许很多人并不奢望成为牛顿、爱因斯坦那样的伟人，然而这些天才当初也只是默默无闻的普通青年，他们也曾对未来感到忧心忡忡、无所适从。

但是，天才不会在孤独中沉沦，而凡人却会被孤独慢慢消磨掉独立思考的能力，在酒精和游戏中虚度光阴。

孤独是依赖症的重要诱因，但同时又是培养独创性与独立人格的天赐良机。

孤独是培养独创性的良机

“孤独就是天才的试金石”，那些非凡的创造力与全新的灵感正是根植于“孤独”的土壤。请试想一下，对社会常态事物不抱任何疑问的从众者自然不会产生怀疑与纠结的情绪，而天才们的世纪性大发现却缘于他们对常态事物的不认同感。

总之，这些天才的人生基调就是不从众、不被常识左右。然而，天才毕竟也是人，也有各自挥之不去的烦恼。但是他们从未停止过思考，所以能获得那些世纪性的伟大发现。

我想，手持本书的您可能正处于孤独而苦闷的情绪中。

也许是因为不认同某些世俗观点而无法与周围人保持一

致，也许是因为无法获得他人的认可而备感郁闷。

总之，不要逃避孤独，要敢于直面孤独。

此时，你是否想过自己为什么不愿与他人保持一致，为什么不愿认同他人的观点？

尽管我们一时很难得出答案，但思考本身就是培养独创性思维与独立人格的过程，而孤独正是激发这种思考的催化剂，只有具备创造性与个性的人才会显得强大而富有魅力。

正如司汤达所言："天才不会让自身思想局限于凡人铺就的轨道。"即使我们无法成为牛顿、爱因斯坦那样顶尖的科学奇才，也可以成为自己生活圈里的天才。

交友众多≠个人魅力

孤独与“疏离感”的区别

之前，我会在提到孤独的同时提到“疏离感”。顾名思义，孤独指一个人孤零零的状态，而“疏离感”则指被他人疏远、排斥，无法融入团体的状态。由于“疏离感”会引发与孤独相似的情感共鸣，所以它们的含义基本相同。

然而，我认为严格区分的话，二者多少有些细微差别。如果一个孤独者没有被排斥的感觉，就无法称之为“疏离感”，换言之，孤独并非“疏离感”的诱因。

这个看似易懂的观点至关重要。即便一个人偶尔有不合群的孤独感，却对此毫不在意，也不怨恨排斥自己的人，因为能坦然接受一切事实，他就不会产生所谓的“疏离感”。

孤独与“疏离感”的区别

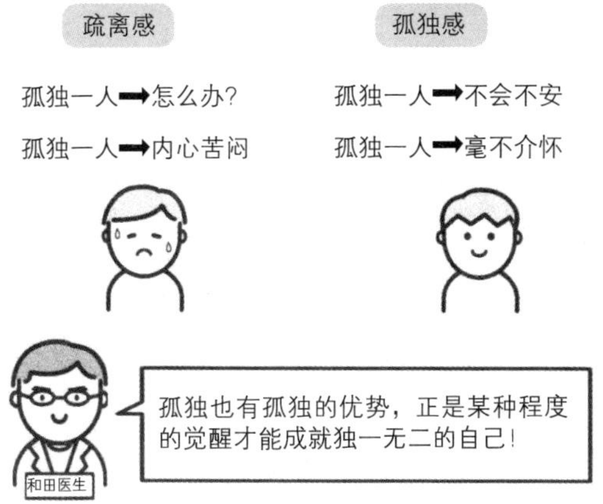

当一个人深刻领悟到孤独的优势，并对此甘之如饴时，就会想到要成就一个独一无二的自己。只有达到这种程度的觉醒，人们才能更加客观地审视自己与自身的孤独感。

然而，一些人只能在孤独中感受到“疏离感”，其深层原因是不敢正视自身的孤独。他们沉迷于种种遮掩孤独的玩物，不过是一种变相从众而已。

因此，一个人个性养成的前提是必须要学会直面孤独。

“孤独无益”不过是定式思维

那么，如何培养敢于直面孤独的能力呢？

首先，要有充分的自信，树立“孤独绝非坏事”的观点。

在日本社会里，常将“孤独”与“不好”之间画上等号。无论吃饭、喝酒、旅游还是逛街，大家都喜欢在一起做，不想让别人觉得自己形单影只、无人陪伴。如果孩子经常独自玩耍，父母就会为子女交不到朋友而忧心忡忡。

之前提到的“厕所用餐综合征”就缘于近两成的日本人对独自用餐怀有抵触情绪。该类人群因在学校或单位无人一起用餐而感到颜面扫地，不得不躲进卫生间或图书馆里独自吃饭。

一名男大学生曾这样对我说：

“独自一人在学校食堂用餐就是没朋友的标志，所以，我一般都会事先用手机联络几个朋友一起去吃饭，如果实在找不到餐伴就宁可不去食堂。”

其实，他害怕的并不是独处时的寂寞，而是害怕被贴上“没朋友的人”的标签。这个标签的另一重含义就是“可有可无的人”。一旦被贴上这个标签，就会非常在意他人的目光，可耻而可悲的孤独会让自己变成一个处处受人轻视的非正常人。

从前，在日本曾盛行一种“全村制裁”文化，每个人都把加入村集体当成一种地位和品德的象征，只有那些被公认的好村民才有资格加入这一社会集团。而那些集团外的人就会受到大家的歧视，也就是被全村村民制裁。对普通村民而言，该制度的严苛程度不言而喻。

虽然该项陋习正逐渐被历史发展的洪流所吞没，但是日本人头脑当中的“集团归属意识”是根深蒂固的，这在学校文化中表现得尤为明显，很多人即便走入社会后也依然受到它的影响。

学习“御宅”范儿

我们每个人都曾经抵触过别人的目光与想法。

但是，独处并非坏事，更非羞耻之事。正如御宅者所言：“我才不在乎别人怎么想，我只管做自己喜欢的事。”从这一个性化的观点来看，御宅者身上也有值得我们学习的地方。

其实，那些不合群、喜欢独来独往的人往往不在乎自己是否融入某个团体。如前所述，当你不认为自己被排斥的时候，自然不会产生疏离感。

“孤独”是否真的等于“坏事”？

孤独寂寞
彰显个性会
显得格格不入
请独自认真思考
可能会产生一些好想法
被排斥
被排斥 = 坏事
结局悲惨

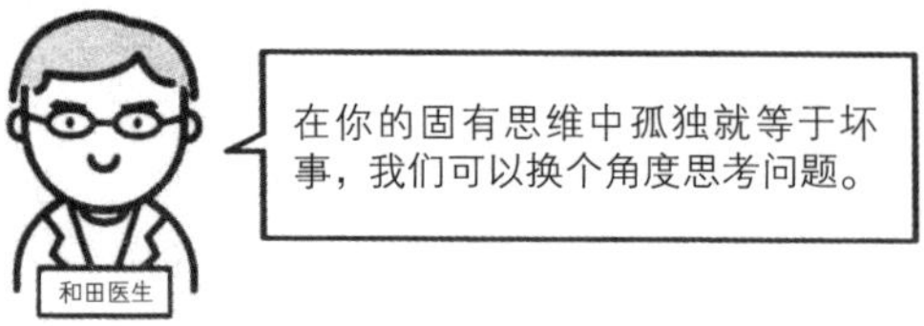
和田医生
在你的固有思维中孤独就等于坏事，我们可以换个角度思考问题。

总是抱着“我被大家排斥”“必须和大家在一起”“对方能把我当朋友吗？”这类想法的人，自然更容易产生疏离感。他们头脑中的公式并非“孤独 = 被排斥”，而是“孤独 = 坏事 = 被排斥”。

这里，我们可以试着变换一下公式。

抛弃“孤独 = 坏事”的定式思维，确立“孤独 = 独处期 = 慎思良机”这一新观点。

独处是思考问题的黄金时间。

“无友不欢”的想法限制了个体的潜能

交友广泛与否并非衡量人格魅力的标尺。如果双方交往仅限于表面功夫，即便朋友再多也毫无裨益。而且，这种交往在冲淡个体存在感的同时会加剧孤独感。反之，有的人虽交友不多，但彼此能敞开心扉地交流，这样的挚友才是千金不换的。

在我们看来，那些性格开朗、人缘极佳者总是如此富有魅力又让人羡慕，与他们交往会让人心情愉悦，这一点无可厚非。但是，人格魅力的内涵并不仅限于此。有些人思想深邃、待人接物从容有度，有些人处变不惊、对事物极具洞察力，还有些人对自我有着清醒而正确的认识，在我看来他们都具有非凡的人格魅力。

因此，我们没必要将人格魅力拘泥于交友多寡这一点上。当然，如果你能在广交朋友的过程中获得相应的存在感，那么尽可以照此发展下去。反之，则需要你充分发掘真实的自己，唯有如此你才会成为众人眼中的可爱、可敬之人。

“无友不欢！”

“无友即失败！”

对于这种束缚人思想的既有观念，我们根本无须介怀。

第三章

走进书的世界

既增长了知识又丰富了语言，还能学会善待他人。

唯有读书高

用知识武装自己

知识与判断力是培养独立思考能力的两个不可或缺的要素。一旦养成独立思考的习惯，自身的知识水平与判断事物的能力自然会提高。也许有人认为这两方面能力的培养并非一日之功，其实只要有恒心、有毅力，谁都可以做到。

首先，你应不断磨炼自己运用语言的能力。其原因就在于语言是人类表达思想的基本形式。如果你不熟知语言的特点，就无法将内心模糊不清的情感准确地表达出来。

不同的语言具有不同的表达方式，我们应在大脑中储备丰富的语言资源，这样才能将内心的复杂情感付诸具体词语。那些逐渐转换为词语的情感，会在你脑中不断地生根发芽，并最终长成一棵思想的大树。

不用我说，实现此目标的捷径就是读书。

平时要尽量多接触一些出版印刷物，如小说、哲学、心理学或社会学书籍，以及历史专著等，某些极具启发性的书籍，如经济类、自然科学类丛书也是不错的选择。此外，一些实用性书籍以及杂志等均可拿来阅读，总之书籍内容涉及的层面越广泛越好。

有人认为读书无非就是上课，并不具有亲身实践的价值。然而，如果你能从中体会到书中人物的情感，领会到作者的观点，学会使用语言的技巧，那么读书就不失为一种极具实践价值的活动。

我们在现实世界中所经历的事物毕竟很有限，而书籍为我们展现出一幅广阔的生活画卷的同时，还能带给我们许多前所未有的体验。读书能帮助我们更好地用语言来表达情感，是锻炼逻辑思维能力、增强知识水平的有效工具。

知者自谦

常言道，知识仿佛大海中的小岛。

每个人出生时都是无知婴孩，在不断成长的过程中学习掌握各种知识。很多人误以为知识就像家庭作业一样有限度，知识越丰富就会越了解这个世界。

其实则不然。当你懂得越多时，不了解的东西也会变多。

我们可以打个比方，将最初的知识水平比作石子，后天的知识水平比作岩石，即便石子经由努力变成了岩石，但它们周围依然还是大海。因此我们说：“知识如小岛，未知世界如大海。”

懂得越多，不了解的东西也越多

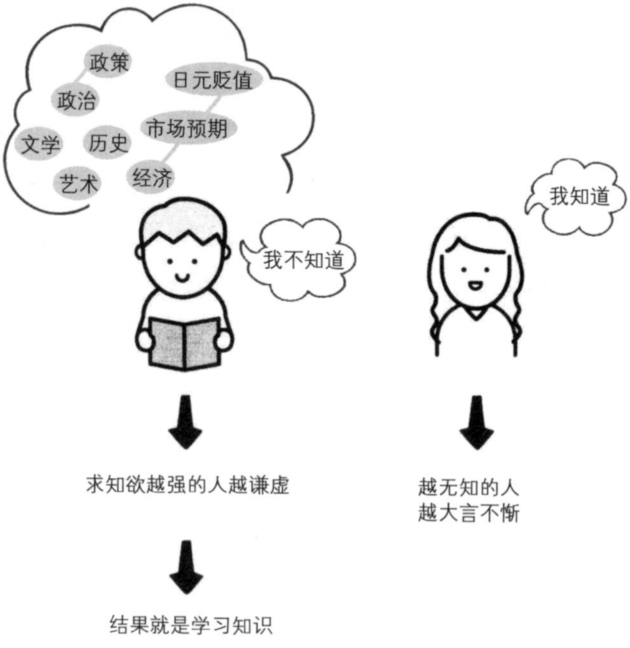

知识的不断积累增大了海岛的面积，但同时也加长了海岸线。

总之，当你弄懂了一件事后，新的未知事物也会随之增加。尽管人们为了解未知世界在不断学习知识，但谜团也在不断扩大。所以说“学无止境”。

古希腊哲学家苏格拉底曾说过：“知‘无知’者比不知‘无知’者优秀。”

只有不断学习知识，才能深刻领会“无知”究竟为何物，谦虚便由此而生。

知者方能谈笑定乾坤

越是有学识的人越愿意聆听他人的声音，即便对方与自己有分歧，也不会采取简单粗暴的处理方式，而是能冷静客观地分析问题，这缘于知者自身的谦虚态度。即使遇到那些思想固执、态度偏激之人，他们也能在谈笑间略施安抚之语，从不会纠结于言辞争论上的得失。

生活中还有一些总是鼓吹自己观点的人，他们从不接受反对意见，不允许出现质疑的声音。

上述两类人群究竟谁更孤独，结果不言自明。

当那些固执己见之人不被认可时，心中会产生强烈的被排斥感，常常暗想："这群人都是笨蛋！""这家伙怎么就是不明白呢！"（后篇内容会对此加以详述）

但是，那些对自我和世界都有着清醒认识的人却不会执拗于自己的主张，他们能巧妙应对各方意见。正是这种善于倾听的态度，让大家产生一种乐于与之交谈的好感。

用知识武装自己不仅能让生活更具方向性，还有利于提高自身的交际能力。

也许你不曾想过把知识当成逞口舌之快和自我夸耀的工具，但它的确能让我们的人生变得更加完满而丰富多彩。

了解自己

最熟悉的陌生人

也许说来让人难以置信，我们最了解又最不了解的人往往就是自己。

之前曾提到“知识如同海中小岛”，我们对自身的了解程度与此极其相似，即了解自己越多就越发看不清自己。

“自我”这一存在真是不可思议啊！

虽然常听到“寻找自我”“发挥自身优势”这类话，但我相信很多人根本没弄懂其中的真正含义。

此时，我们要试着从书中寻找答案。**因为读书是了解自己的最有效途径。**

请浏览一下自家书架上排列的书籍，何种类型的书居多，其书名又是什么呢？其实，你的抱负与理想就隐藏在那些曾经读过的书中，它们会将你的兴趣、爱好、世界观等尽皆呈现出来。

“那些随手翻看的书籍透露出个人喜好，正是它们创造

出了现在的你。”

这句话出自一位大学教授。他还提到，当一个人重拾旧书时，会恍然间明白自己一直以来的期望与目标，也会看清今后的努力方向。对此，我深表赞同。

当你对现在的自己感到陌生时，请回到书架前，试着回忆那些曾经读过的书籍，它们会帮你认清自己，并会为你今后的发展指明大致的方向。

有些人爱好藏书而非读书，通过这些书籍我们同样能猜到当事人的兴趣所在。假若重拾旧书让你对当初购书时的情景浮想联翩，那么这次你可以试着把它读完，这也未尝不是一种乐趣。

榜样就在书里

英语中“Rolemodel”一词，即“榜样”之意。我们可以在书中寻找自己的榜样。

我相信，很多工薪族都能在池井户润的商战小说以及藤泽周平的武士小说中找到自己的影子。虽然大家知道小说的情节多为虚构，但我们仍对书中人物的不幸遭遇感同身受。当主人公历尽艰辛、战胜困难时，仿佛自己也被打了一针强心剂。

现实生活中的优秀人物虽然极具魅力，但个性及生活背景大多较为复杂，并不太适于作为榜样。然而，文字塑造的人物相对单纯，更易于读者把握其作为榜样的特质。

想有怎样的人生？

怎样面对困难？

想成为怎样的人？

我想，只有书中的人物才能给出较为明确的答案。

一位女性编辑朋友曾跟我谈起她的体会：

“一次回老家整理旧物时，偶然发现了几本孩童时的读物，不觉备感亲切。其中一本名为《玛蒂尔达》的小说更是我的最爱，当时还立志成为主人公那样优秀的女孩。然而，现在的我竟将此事忘得一干二净，回想起来心中不免涌起歉疚之情。”

由此不难看出，童年时的读物对一个人的成长具有多么深远的影响。那些长大后放弃读书的人，可以偶尔回想一下自己童年时读过的书。如果你感到孤独，正好说明你有充足的时间用来独处与自省。

每个孩子心中都曾有过一个关于超级英雄的梦想，想要去拯救世界或伸张正义。现在看来这些想法显得不切实际，因为并非人人都能成为英雄。但是，我们无须彻底否定那些天马行空的念头。当你真正领悟到“英雄”的特质与可取之处时，就会逐渐认清现在的自己。

锻炼批判性思维

用语言构筑思维

正如本章开头所言——思考建立在语言的基石之上。

那些无法转化为语言的想法显得模糊而难以捉摸，长久放置必将化作尘烟。如果我们无法获得用以思考的素材，其思考的深度就相当有限。

将思考转化为语言是非常重要的，但并不代表某些无法用语言表述的思考就毫无价值。对一个人而言，最重要的并不是滔滔不绝地陈述观点，而是要对思考抱着一种谨慎、冷静的态度。

我们应不断发掘那些难以表述的模糊情感，并试着赋予它们语言的外观。正是由于人们对提高自身知识水平与判断力有着迫切愿望，才会不断尝试用语言去表述那些捉摸不定的思想。

特雷莎修女（印度天主教仁爱传教会创建者）曾说过如下名句：

谨慎对待思考，因为它终将化作语言。

谨慎对待语言，因为它终将化作行动。

谨慎对待行动，因为它终将化作习惯。

谨慎对待习惯，因为它终将化作性格。

谨慎对待性格，因为它终将化作命运。

她告诉我们这样一个道理，那些一时难以说清的想法终有一天会脱口而出。当然，这里的“想法”并非我之前所说的模糊情感，而是一种能转化为语言的负面情感。

这段话中最耐人寻味的就是——思考与命运之间的相关性。换言之，意识决定行为，行为决定某个目标能否实现，除了极个别的偶然事件外，凡事都要认真思考后才有可能实现。即有意义的人生始于深度思考。

所以，请多读书、多听取他人意见，因为这些将为你的思考提供原动力。

通过“律师式思维训练”提升创造力

我希望大家能有意识地养成一种思维方式，即“批判性思维”（critical thinking），其含义就是“对某种广泛被认同的观点保有怀疑的态度”。具体说来就是不要偏听偏信，要从多角度、多方位来思考问题，这是培养判断力的不二法则。

同时，批判性思维非常利于弹性思维模式的养成。即不要盲目接受他人意见，应首先考虑对方意见的正确性以及存在反对意见的可能性。

我将此过程称为“律师式思维训练”。

律师在听取委托人陈述时，从不会囫囵吞枣式地全盘接受，而是根据自己所掌握的客观证据做出判断。即便是案件调解，也会充分听取双方的意见。

我们也可以通过这种思维训练模式锻炼自己对问题的思考能力与判断力。例如，我们可以尝试从那些被新闻媒体穷追猛打的人身上找到某些闪光点。无论是电视、报纸、杂志，还是朋友、近邻的口口相传，所有能接触到他人意见的场合都是进行这种思维模式训练的实习地。当你无法充分领会对方的意见时，请尝试培养自己多角度独立思考的能力。

书本中的内容也不要全盘接受，应试着从多角度甚至相反的角度来思考。

反复多次的“律师式思维训练”能使我们养成独立的思维方式，学会“我本位”思考，放弃“他本位”思考。“我本位”思考排斥那种附庸在从众身上的廉价安全感，其目的是使个体获得真正的自信与从容，仿佛心中竖起了一根定海神针。

自己的见解是否具有广泛性?

批判性思维训练会刺激掌管人意志和创造力的大脑前额叶区，使该脑组织区更具活力，个体会产生更多的灵感与创意。因此，批判性思维训练可谓是一套行之有效的“头脑瑜伽”。

第四章

寻找同道中人

『另类』比『泛类』更强大，不惧怕被排斥，寻找真正的同道中人。

得一知己足矣

他人能帮你更好地认识自己

在前文中，我对独处及思考的重要性进行了论述，接下来我还想强调一点，即**“孤单无助缘于真实自我的缺失”**。

孤独并不值得称颂。从精神分析的角度而言，一个人只有在他人的点化下才能真正认清自己。所以，那些缺乏他人印证的绝对孤独者往往会迷失自我。有些书籍却忽略了这一点，片面强调孤独的效用，使孤独沦为危害人身心健康的毒素。

从本质而言，人类并不具有超强的抗压能力，没有谁能在极度的孤独中安之若素。一旦人们的精神世界受到侵蚀，就会陷入依赖症的怪圈。

如果你长期处于无人倾诉的境遇中，心中便会涌起一种展示真我的强烈愿望。从出现那个能接纳你的人起，你才开始真正认清自己。难道不是这样吗？

“那么差劲的人竟然能获得认可，我才……”

你有好友吗?

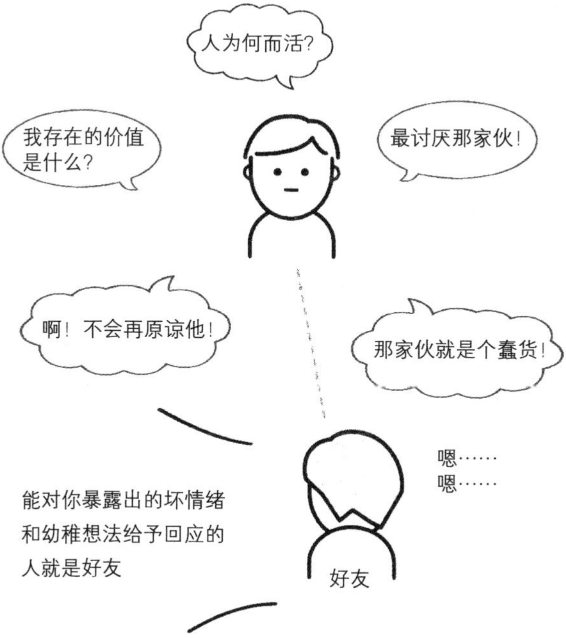
人为何而活?
我存在的价值是什么?
最讨厌那家伙!
啊!不会再原谅他!
那家伙就是个蠢货!
嗯……
嗯……
能对你暴露出的坏情绪和幼稚想法给予回应的人就是好友
好友

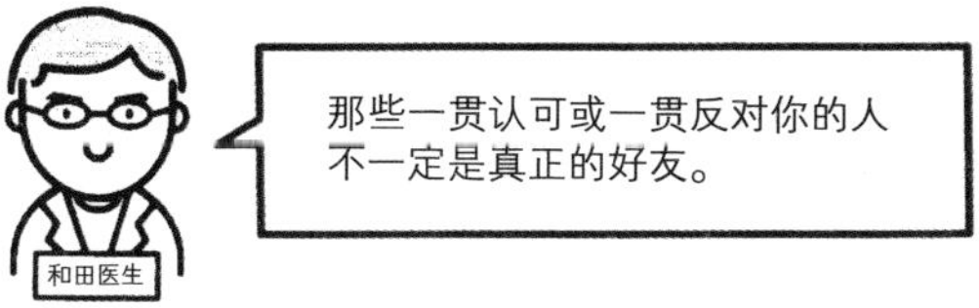
和田医生
那些一贯认可或一贯反对你的人不一定是真正的好友。

“我家的孩子比那个孩子更……”

“那个人从长相看就不是善类，我就……”

很多表面看起来八面玲珑的人都曾有过这种难以对人言说的情绪吧。此外，某些人心中还藏着更深层次的烦恼——“人究竟为何而活？”“什么才是我存在的价值？”“死亡究竟意味着什么？”……

我们暂不讨论随意说人是非的消极作用，首先应明确的是能跟你推心置腹地谈论这些心底的疑问、分担这种不良情绪的人才称得上挚友。也许对方未必赞同你的意见，甚至会提出批评或反对意见，但不论怎样对方都会做出回应。

那些认真听你倾诉、不会断章取义妄下判断的人是非常重要的。我们将这样的人称为“挚友”。

被接纳感会让内心更强大

一个人能否做到不惧怕他人目光而悠然独处，决定着他能否养成独立自主的强大心理，这与个体之前获得的“被接纳感”的多少有着直接关系。

“这个人能接纳我。”

“这个人不会嫌弃我。”

如果生活中存在这样的人，那么我们的精神世界就会变得非常强大。

除了好朋友之外，身边的父母、兄弟、恋人及伴侣等都是我们心中不可替代的重要依傍。

伟大的爱迪生，伟大的母亲

美国著名发明家托马斯·爱迪生就是从母亲那儿获得被接纳感而逐步成长起来的。被称为“发明之王”的爱迪生因发明了白炽灯泡、留声机等一千多件产品而闻名于世。也许很多人不知道，他曾患有 ADHD（注意力缺陷型多动症）、LD（学习障碍）以及 DYSLEXIA（读写障碍）等病症。

童年时的爱迪生非常顽皮好动，例如：他对火焰感兴趣，不小心把自家仓库的稻草点着了；他对储存小麦的粮仓感兴趣，就会爬上高窗一看究竟以致摔了下来。总之，他就是这样一个让人十分头疼的孩子。

爱迪生进入小学之后也是问题多多。据说，当数学老师讲“1+1=2”时，他就会问：“一块黏土加上另一块黏土就变成了一块更大的黏土，为什么是两块呢？”当英语老师讲字母时，他就会问：“为什么 A 不能读成 P 呢？”对于这些五花八门的问题，老师们简直是叫苦不迭。

在老师眼中，爱迪生是一个顽劣不堪、不认真听讲、学习能力极差的问题儿童。他甚至被说成是影响其他学生的“弱智儿”，因此上学仅3个月就被勒令退学了。当时，人们还未认识到ADHD及LD等概念，一句无心之语的“弱智儿”对小爱迪生内心造成的伤害可想而知。

此时，小爱迪生的坚定伙伴就是他的母亲。

此后，爱迪生的母亲决定亲自教导这个被学校抛弃的孩子。上课时，多动的爱迪生会经常离开书桌，当他重新坐回桌前时，母亲会夸奖“能回来真了不起”；当爱迪生认真听讲时，母亲会夸奖“你真聪明啊”。

爱迪生的发明数以千计，但他的无数失败经历也同样广为人知。他曾有这样一句名言：“我没有失败，我只是发现了一万种行不通的方法。”由此可见，他所具有的坚强不屈的精神和坚韧的毅力正是源于从母亲那里获得的被接纳感，并且逐渐被培养起来。

爱迪生曾这样感慨道：“正是因为有了对我无条件支持的母亲，才有了现在的我。”“母亲的笑容是我战胜困难、不断奋斗的动力。”正因为有这样一个强大的心灵支柱，才成就了他世界发明之王的美誉。

众人拾柴火焰高

“商者孤独”也不尽然

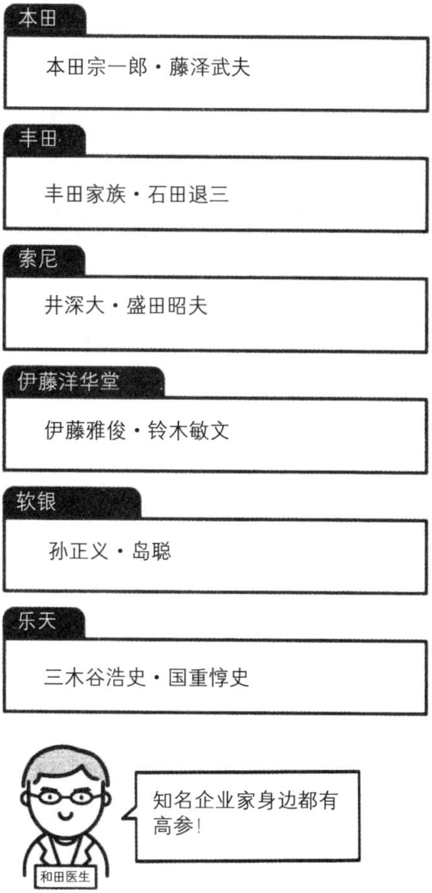

常言道：“商者孤独。”

其含义指多数从商者的经营理念与处事方式会因违背常态思维而不被理解，而作为老板又不能随便抱怨，只能自我消化这些不良情绪。然而，商者并不是真正意义上的孤独者。本田宗一郎有藤泽武夫，丰田家族有石田退三，索尼创始人井深大有盛田昭夫，伊藤洋华堂集团的创始人伊藤雅俊有铃木敏文，软银（Soft Bank）的孙正义有岛聪，乐天集团的三木谷浩史有国重惇史等，几乎每个经营者身边都少不了为他出谋划策的智囊。

可以说，知名企业家的身边都有一位高参。

正因为身边有理解并支持自己的人，他们才能果断行事，不会因其他人的想法而畏首畏尾；反之，他们则很难做到当机立断。

当然，对所有经营者而言，最终的决定权在自己手中。即使高参们能提供智力支持，但责任还是要由老板承担。正因如此，经营者们常常背负着远大于普通人的孤独感。社会的引领者必定都肩负着重大责任。其实，我们每个人都要为自己的行为负责，无论你是否为某个团体的领军人物。

既然要为自己负责，就应在个体的主观意愿下行动。人云亦云、随波逐流只会让归属于个体自身的责任感变得模糊不清。

因此，我们无须日日呼朋引伴，仅得一知己足矣。

如何增加被接纳感

自我意识较强的童年

我在幼年时是一个受人欺负的孩子。

小学二年级时，我们全家从大阪搬到了东京，我因为一口大阪方言而处处受欺负。四年级时，全家又从东京搬回大阪，我又因为一口东京话而再次受欺负。由于我从小不善交际，对新环境的适应能力较差，加之父亲频繁调动工作以及之前的惨痛经历让我心有余悸，使我在人际交往方面处处碰壁。

我虽然从没在广岛生活过，却是广岛鲤鱼棒球队的铁杆粉丝。其原因非常简单，因为我极其反感那种“东京人必须喜欢巨人队、大阪人必须喜欢阪神队”的强加式思维。对于一个缺乏家乡归属感而自我意识较强的孩子而言，和当地人一起为他们心中的明星球队加油简直是一件让人无法忍受的事情。

“怎能和那些欺负我的人喜欢同一支球队呢?！”也许

我当时就已从心底萌生出了这种叛逆的情绪。对我而言，支持巨人队或阪神队都无异于谄媚、屈从于他人，在这一点上我决不愿妥协。

所有受过欺负的孩子都会产生这种不被接纳的疏离感，有的人会丧失自信，陷入不断自责的消极情绪。其实，我自己也险些沦为毫无主见、一味迎合他人的盲从者。然而，现在我已学会在工作中与他人沟通、协调，没有陷入自我否定的深渊。这缘于我清醒地意识到："自己虽有不足，但受人欺负绝不是我的错。"此外，我与爱迪生一样幸运的是也有一位好母亲。

我的母亲是一个稍显另类的人，当她得知我在学校受欺负时，既没有表现得惊慌失措也没有暗自啜泣，而是这样对我说："岂有此理！这些东京人就是乡下人，不要理他们！大阪方言要比东京话有年头多了！"她甚至还说："东京的街道不过是乡下小道，为啥要学东京话？"这种对"敌方"文化的全盘否定也唤起了我心中的认同感与自信，所以我心中从未产生过对这座国际化大都市的崇拜感。

假设她当初说的是"我们既然来到了东京，就要学习东京话，这样你就不会受欺负了"之类的话，我恐怕早就变成一个"扶不起的阿斗"了。

母亲的一句话拯救了弱势的我

曾常被人欺负的我

- 善于学习（自认为如此……）
- 口才好
- 不合群
- 不擅长运动

从大阪来到东京后，
因一口大阪方言而被人欺负

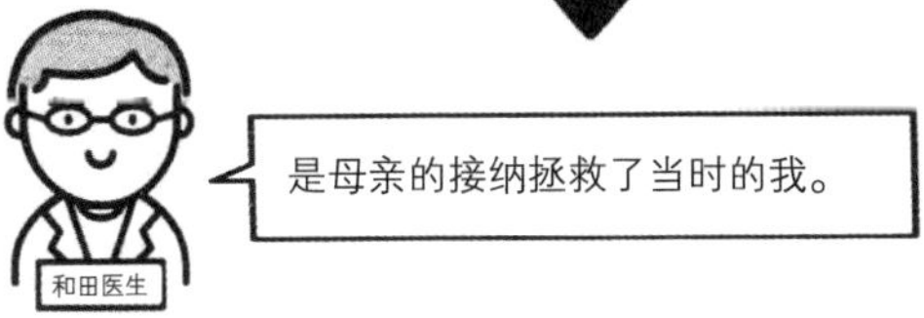

不以“不能”为耻

同时，母亲非常了解我的个性。她曾对我说：“像你这种社会适应性较差的人绝不适合当工薪族，要么当医生，要么做律师，总之最好考取一些资格证。”母亲的话是促使我成为一名精神科医生的主要动因。不过，母亲从不会把“社会适应性差”和“没出息”之间画上等号，她只是将其单纯地理解为儿子的固有性格。

可以说，正是母亲的这种思维方式彻底改写了我的人生！

每个人都有擅长与不擅长的事情。有的人善于察言观色，有的人则像我一样，虽不善于迎合他人却能准确地表达自己的意见。**这只不过是人与人之间的个性差别而已。**这种差别怎能成为受人欺负的理由呢！

我们需要能接纳自己的“战友”，但同时自己也要“心诚如银河水”。如果总是歪曲他人的意图，从消极的角度想问题，自然无法产生被接纳之感。

那些缺乏自信之人很难坦然接受对方的夸奖。但是，我们**不要太在意对方是否话里有话，只单纯地接受那些入耳的语言**也未尝不可。尤其是在重要的人面前，应试着免去客套话与场面话，用一种全新的心态与对方交流。当得到对方夸奖时，仅需真诚地表示感谢即可。总之，这是增强被接纳感的秘诀之一。

不惧怕被排斥

“另类”比“泛类”更强大

美国苹果公司的创始人史蒂夫·乔布斯曾讲过这样一段话：

“当你想挽回一位美丽的姑娘时，如果情敌送她 10 枝玫瑰，你想送 15 枝以压倒对方，那么你就已经输了。因为成败的关键并不取决于对手如何行动，而取决于你是否能看透那位姑娘的心思。”

我们乍一看会以为这段话谈论的是恋爱技巧，但细想来却非常耐人寻味。

首先，众人皆知的“女性喜爱玫瑰”的理论是否完全正确？也许收到玫瑰的女性会表现得很开心，但这也许仅是出于对送花人的感谢之情。如果送其他东西给她，她可能会更开心。因此，要抢得先机就不能按照情敌的思路行动，虽然 15 枝玫瑰要比 10 枝玫瑰显得隆重一些，但也不过是同一思维方式的延伸而已。

墨守成规的人很难有惊人之举，庸庸碌碌者很难打动女性的芳心。**当你盲目从众时，就已经先输一成了。**

我曾听一位广告导演说起这样一件事。他曾邀请日本知名女星吉永小百合出演一则广告。该广告制作精良、画面优美、毫无瑕疵，极具艺术观赏性，甚至还获得了广告大奖。然而，这则广告在社会上几乎没能引起任何反响，其原因是它太过完美，太无可挑剔，因此使得人们对它产生了可有可无的印象。

其实，毫无争议的电视节目就等同于无聊的电视节目。他为了迎合那些喜欢鸡蛋里挑骨头的评论人而做出这种无聊的东西真可谓是大错特错啊！

无须在意他人的目光

除了史蒂夫·乔布斯之外，还有很多优秀的企业家不会被某些常识及业内规则所左右。如果他们与对手同样行事，就根本无法在激烈的竞争中发展并壮大自己的企业。

正因如此，他们常被冠以“异端分子”“独裁者”等恶名。能做到对此不胆怯、不妥协才是优秀企业家必备的基本素质之一。乔布斯就曾经是这种“异端分子”和“独裁者”。据说他年轻时在ARITA公司工作时，常常不修边幅、穿着邋遢，甚至因此被调去值夜班。由此可知，当时的乔布斯对周围人如何看待自己根本不在意。

我们暂不讨论生活邋遢是否影响健康，值得注意的是“他对周围人目光的毫不在意”。而且，乔布斯创建苹果公司之后，对员工的要求也非常严格，大家都对他敬而远之。每逢午餐时，他总是独自一人默默用餐。

周围人对他性格的评价是态度傲慢、自命不凡、以自我为中心、毫无协调性、脾气暴躁、喜欢标新立异等等。估计很少有人能收获这么多的负面评语。因此，作为苹果创始人的乔布斯曾因“扰乱公司经营”的罪名而被赶出了苹果。然而，此后的苹果便一蹶不振了，当他以CEO身份重返苹果时，通过其独有的创新理念使公司走出困境、重振雄风。即便去世后，乔布斯的非凡才干与种种逸事至今仍为世界各国的“果粉儿”津津乐道。

乔布斯非常明白众人对自己的看法，但他能坚持己见，通过一些非常识、非常规的创意去达成目标，并不理会他人的非议。

正是这种“与其在意他人怎么想，不如斟酌自己怎么做”的理念使苹果公司获得了成功。

与此同理，人云亦云者是很难给对方留下深刻印象的。

只有那些见解独到、与众不同的人才会引起对方的兴趣与关注。

如何打破常规

顺便提一句，爱迪生也是一个毫不在意他人看法的人。他发明白炽灯时，美国仍处于用酒精灯及煤气灯照明的时代，由于这两种光源极易引发火灾，所以人们对电力照明怀有极大期望。

当时，爱迪生虽已研发了好几种灯泡，但都不尽如人意。其中，铂金灯丝耐热性差、发光时间短且造价过高，因而无法推向市场。爱迪生为使灯泡能普及一般百姓家庭而努力改良灯丝，但始终没能找到一种理想的材料。他尝试了一切能想到的材料，包括马尼拉麻、巴西纤维、细黏土、薄纸甚至椰叶，但都失败了。

某一天，研发未果的爱迪生突然召开了新闻发布会，并宣布："我采用一种迄今为止所有科学家都不曾想到的方法做出了灯泡。如果你们知晓了该方法，肯定会惊叹于自己为什么没想到。"

其实，这是爱迪生撒的一个弥天大谎。虽然当时他发明的灯泡较为先进，但还远达不到商品化的标准。如果无法实现商品化，此番言论肯定会广受谴责。他之所以这么做就是为了提升社会的关注度，以获取研究资金。由此，我们也看到了爱迪生身上的另一面，即为达目的不拘小节、不理会他人的看法。

最后，他尝试用日本竹做灯丝材料，终于在延长灯泡的发光时间上获得了成功，并设法将之推向了市场，想必此时的爱迪生才真正松了一口气。之后，他为促销产品，在纽约大街同时点亮了 2000 只灯泡。此番举动顿时引起巨大反响，一时间成为街头巷尾的热议话题。

我们暂且不评论爱迪生的做事方式而着重关注一点，即**克服孤独的人往往敢于打破常规，并坚信自己的选择。**

只有当身边出现一位坚定支持自己的“战友”时，这种强大心理才开始真正发挥效用。

承认批评的合理性

另类行事者常会遭人白眼，这是不言而喻的。即使是现在，当我的观点异于常人时也经常会受到批评。老实说，此时我心底也不免颇有微词。正所谓“知我者谓我心忧，不知我者谓我何求”。世间既然有能接纳自己的人，当然就有排斥自己的人。

尤其当你的意见较为另类时，遭受的批评会更多，而那些接纳者则会对你另眼相看、大加赞赏。当你的言行异于常人时，就应充分做好不被接纳与认可的心理准备，有些人妄图轻易得到他人认可，这种想法未免太过天真。如此想来，很多时候我们根本无须在意他人的批评，因为嘴是长在人家身上的！

你想成为谨小慎微、乏善可陈的人，还是想成为以“我本位”的思维方式来定位自己的个性鲜明的人？

有人会把你的意见当成“毒草”，但你的“战友”会把它当成“良药”，这种思维方式是那些乏味无趣的庸人一生都不可能获得的至宝。

第五章

学会依仗他人

成年人应学会借助他人之力，成为彼此的精神支柱。

他人的存在至关重要

依赖症源于“独乐乐”

据日本厚生劳动省的统计数据显示，近年日本患有依赖症的人口数量呈显著增加的趋势。

从部分数据的推测结果来看，疑似酒精依赖症患者达4400万人，其中的80万人已达需治疗的严重程度。赌博依赖症患者为536万人，疑似网络依赖症患者为450多万人（初高中生超过50万人，成人为400万人），烟草依赖症患者为1487万人。此外，再加上游戏依赖症、药物依赖症（安眠药、镇静剂等）、购物依赖症、性爱依赖症等各种患者，总人数已达3000万人，这个数字远远高于其他国家。

也许有的读者认为，依赖症和自己毫不相干。

然而，依赖症是一种任何人都可能患上的疾病，并且与孤独密切相关。

很多被冠以“依赖症”的事物都具有“独乐乐”的特质。

我们很少听说，某个购物依赖症患者和朋友一起逛街时还能大买特买。因此，那些喜欢“众乐乐”的人是很难患上依赖症的。预防酒精依赖症有这样一条法则，即“不要独酌，要设法和别人一起喝酒”。

心理学家扬格以 40 至 75 岁的人为对象，按照交际多寡的标准分成两组，分别调查他们的酒精摄入量并得出如下结果：

交际较多的人平均每天的酒精摄入量在 20g 以上的占比为 14.1%，而交际较少的人则高达 23.4%。定义酒精依赖症的一般标准是每日饮酒量为 3 罐 500ml 的啤酒或 3 合（1 合约为 0.18L）日本酒或 6 杯葡萄酒，很多人都发现独酌要比对饮时的酒量有所增加。

因为，很多人都是在感觉孤单时才会借酒浇愁。

正常思维模式被替换后的恶果

所谓“依赖症”是一种无法自我控制、反复做出冲动性或强迫性行为的一种精神疾病。

大量饮酒不仅有损身体健康，还会给生活和工作带来诸多严重影响。尽管当事人明白饮酒误事的道理，但已无法用意志控制自身的行为。

依赖症不仅损害个体的身心健康，导致债台高筑、事业无成等恶果，还可能与其他依赖症形成合并症，严重时甚至还会诱发自杀。另有研究指出，依赖症与抑郁症、狂躁症及强迫症等具有高度亲和性。而且，受依赖症影响的并非仅有患者本人，其家人也会深受其累。据调查，赌博依赖症患者中 15% 的病患的配偶患有抑郁症等精神疾病。

那么，我们不禁要问这些人为何对事物依赖到无法控制的地步呢？

从脑科学角度而言，当人们饮酒或赌博时，脑中会大量释放多巴胺，多巴胺又称“快感物质”，于是人们为得到快感而不停重复同一行为。

人是一种本能地寻求外界认可的生物。每个人都想得到他人的认可，遇到不顺时想得到慰藉，牢骚满腹时希望找到一个倾诉者。因此，我们在与人交往的过程中能够自然释放出内心的压力，让心情变轻松。

然而，当一个人没有朋友、无法对人敞开心扉或感觉自己不受重视时，会不自觉地疏远人群，将注意力转移到某种物品或行为上。此时，那些能刺激多巴胺分泌的事物就会像救命稻草一样被他牢牢抓住。最新研究指出，当一个人嗜某物而成瘾时，大脑的正常思维模式会被替换掉，这才是依赖

当孤独变成危险时

和朋友去喝酒
快乐
外出饮酒会因各自回家而告一段落
自斟自饮
快乐
无人制止
其实，两者间的界限并非如此清晰而难以逾越。
和田医生

症最为恐怖之处。

当我们身负重任时多少都会感到压力，一想到成功后的喜悦便能咬紧牙关坚持下来。那种事成之后的满足感与成就感会战胜思想上的偶尔懈怠，激励我们一直努力下去，同时这种努力还会带来快感，而这些反应都是大脑中的“回报机制”在起作用。

然而，依赖症患者脑中的回报式思维模式已被替换成“只专注于从替代物身上获取快乐”。而且，当依赖对象过度刺激大脑引起过敏反应时，个体对其他事物的反应就会变迟钝。因此，即便依赖症患者试图从酒精、赌博之外的事物上寻找乐趣，大脑也无法做出正常反应，所以个体很难摆脱依赖症的控制。

要把人当成依赖对象

在日本国内常听到这样一种论调，即“依赖症缘于意志薄弱”。其实，**依赖症与个体的意志力与性格并无关系**。无论意志力多么坚强的人都有可能患上依赖症。况且依赖症本身就是一种摧毁人意志力的疾病，一旦患病便很难根治。因此，为今之计是设法预防这类疾病的发生。

其中，某些戒酒协会及 AA（Alcoholics Anonymous）等民间组织在治疗依赖症方面也取得了一定效果。最值得注意的是，将依赖对象转移至“人”身上对治疗依赖症所起到的积极作用。AA 成立于 1935 年的美国，建立该组织的契机源于两名酒精中毒症患者的一次交谈。这两个嗜酒如命的人在分享彼此经历的过程中，竟然滴酒未沾。后来，这个民间组织逐渐延伸到世界各国。其实，AA 就是要把人们对酒精这一“物体”及饮酒这一“行为”的依赖转化为对人的依赖。既然孤独会增大患依赖症的风险，那么消除孤独就等于提高了该病症被治愈的概率。

总之，达成这一目标的关键还在于对“人”的依赖。

依仗他人不等于任性妄为

依赖庞杂事物是人类生存的前提

那么，“依赖他人”究竟意味着什么呢？

在此，引用毕业于东京大学医学部的儿科医生熊谷晋一郎先生的话供各位参考。熊谷先生因出生时患有新生儿假死后遗症而引发脑性麻痹障碍，不得不终身坐在轮椅上。他在阐述残障人和健全人的不同时，曾对“依赖”做过如下论述：

“很多人误以为残障人士必须依赖各种事物才能生活，而健全人则无须如此。事实正好相反，很多健全人都处于依赖各种事物的状态中，而残障人的依赖对象却极为有限。我认为，‘健全人’无非就是通过增加依赖对象来降低对单个事物的依赖程度，并由此产生无须依赖任何东西的错觉。”（选自公益财团法人东京都人权启发中心《TOKYO 人权》第 56 号刊）

例如，当人们遇到自然灾害时必须从大厦五楼逃生，健全人会使用电梯，如果电梯出现故障则会选择走楼梯或爬梯子逃生。此时，坐轮椅的人就无计可施了。再比如洗澡时，健全人既可选择独自泡澡也可去公共浴池，甚至还能享受桑拿浴。行动不便者则只能在家里洗澡，而且还必须借助他人的帮忙。然而，这些也并不足以说明健全人无须依赖任何事物。

对此，熊谷先生认为："健全人口中的'独立'不过是对庞杂事物的过度依赖而产生的无须依赖任何事物的错觉。"

善于与孤独为友者多有数个依赖对象

很多人认为"依赖"是"独立"的反义词，具有贬义色彩。"依赖他人"更会给人一种依附、撒娇的印象。然而，这里提到的"依赖"是一种类似于好友之间互相依靠的关系。

归根结底，人类是一种必须依赖各种人、各种事物才能生存的生物。

你是否意识到这样的事实：我们每个人都是在依赖各种人与各种事物的过程中生活着。对此我们应时刻铭记于心。

当一个人的依赖对象越多时，他对单个事物的依赖程度就越低，因此他的独立性及掌控孤独的能力也就越强。其中，让人最有安全感、应对孤独最有效、最具深义而毫无依赖症的副作用，同时又能带给我们自信与从容，让我们懂得分享与分担的就是“对人的依赖”。

依赖症就是一种因依赖对象过于有限而患上的疾病。其成因源于个体原有的多重依赖对象因受到限制而无法正常行使机能，从而逐渐放弃对人的依赖转而依赖某种事物或行为。

因此，越是善于与孤独为友的人，其可依赖的人或物也就越多。

关键词为“互相支撑”

最近，因伴侣的语言暴力而导致离婚（又称 Moral Harassment 离婚）的案例逐年增多。健康的婚姻关系不能是一方言语放肆而另一方只顾委曲求全，长此以往婚姻终会土崩瓦解。

因此，我们要构筑起一种能让双方互吐心声、互相支撑的关系。

首先应明确的是人与人相处不能只强调“自我”或“对方”，应做到互相依赖。

最重要的关键词就是“互相支撑”。

只有意识到这一点，才会建立起健康的人际关系。然而，我们每个人心里除了可与人分享的秘密之外，还经常潜藏着一些“坏念头”。例如，看到有人受欺负时我们会暗自打抱不平，听到带有歧视性的言论时我们会心生不满，偶尔遇到某人大肆诋毁别人想出面制止时，也多因为会被嘲讽而选择闭口不言。

此时，只有挚友才能让你无所顾忌地袒露心声。在好朋友面前，我们无须衡量言语得失、无须计较说话的分寸，彼此接纳的人之间不会产生趋附他人的压力。

对于自己非常重视的人，要确立互相依赖的理念。为了觅得这样的知音，我们大可不必故作随和、谨小慎微，而应该试着以诚心待人。

第六章

构筑避风港

无论何时都有机会觅得挚友，这是已有四十年孤独经历之人的亲身体验。

为何有的人很难交到朋友

“成年人无好友”纯属无稽之谈

也许很多人认为，绝大多数的挚友出现在我们尚未踏足社会之时。当我们长大成人后，会因工作关系接触到各色人等，于是越发变得小心谨慎、不敢直言，因此也很难交到好朋友。此类故事不绝于耳。

儿时玩伴与我们共同经历了漫长的成长岁月，是我们心中不可取代之人。

然而，所谓的“成年人无好友”也不过是无稽之谈。在我所接触的人中，经常能看到一些关系融洽、相处和谐的成年人好友。他们（多为五六十岁的人）或是因为老人的看护问题而聚在一起交流感受、互相帮助；或是因为退休后参加某类社团而结识，在互相切磋技艺的过程中逐渐成了无话不谈的朋友。

就我自身而言，由于童年时被人欺负的经历而很难交到好朋友。所以，我一直期待成年后与人建立一种彼此能畅所欲言且互相尊重的朋友关系。

那么，为什么有些人在成年之后就交不到好朋友呢？

其原因之一**就在于他们单方面陷入了“成人很难交到朋友”“成人无法对朋友吐露心声”的僵化式思维里**。原因之二是他们已沦为“新型工作机器”。

过去，所谓的“工作机器”是指那些以工作和公司作为生活全部的人。他们视工作如生命，放弃了全部的兴趣爱好，有的人甚至能为了公司利益牺牲个人尊严，因此也被称为“企业斗士”。

然而，“新型工作机器”并无一心奉公的精神，虽然他们较为重视个体的存在感，却局限在“公司—家”这种两点一线的生活里。他们明明对工作没有百分百的热情，但所处立场与“工作机器”并无二致。刨除公司和家，他们的世界里就所剩无几了。

“新型工作机器”们大多独自生活，仅有少数人会偶尔跟亲戚走动一下。公司是他们与社会联系的唯一媒介，他们所认识的人几乎都是工作同事，所有人际关系也都局限于工作关系。

总之，这类人结识朋友的机会是少之又少的。我们每个人都不可能和所有认识的人成为好友，如果双方认识的机会减少了，能交到好朋友的概率更是低得可怜。

不要沦为“新型工作机器”

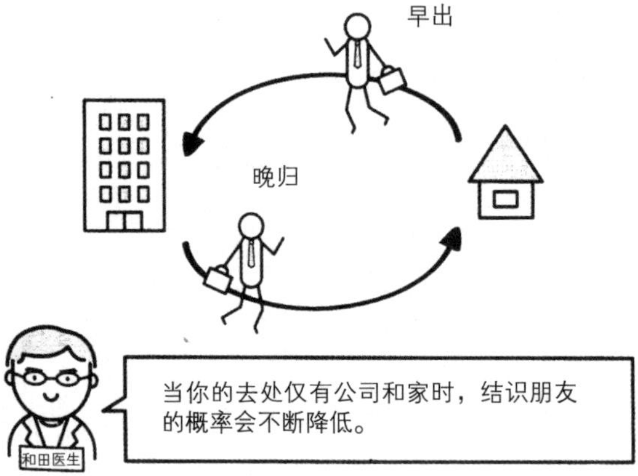

“独乐者”的独处时光是否充实

最近常听到“独乐者”一词，该词为“能充实度过独处时光的人”的缩略语，意指乐享独处时光的年轻人。

一个人能乐享独处时光并非坏事，无论是提高室内装修水平、烹饪技艺，还是读书、看电影等均能充实我们的业余生活。不过，对于一个惯于“两点一线”生活的人来说，试着拓宽一下自己的生活空间也未尝不可。

很多人认为人际交往是一件令人烦心的麻烦事，相比之下独处就显得轻松很多。然而，这种想法会使我们错失很多结识新人与新事物的机会。

再次重申：

孤独不是让人陷入孤单无依的境地，而是在人际交往过程中品味它的别样境界。

与他人交往能让我们学会倾听各方意见、从不同角度思考问题。当遇到想不通的事情时，与其独自纠结烦恼，不如对他人言讲，这样一来自己的思路也会变宽。而且，我们只有与人交往才能体会到独处的重要性。如果一个人长期独自生活，就会逐渐养成靠上网、玩游戏来打发时间的习惯。

与人交往促使我们更加珍惜独处的时光，同时我们也要使这种交往更具多样性与广泛性。

吧台式酒馆的妙处

习惯于“两点一线”生活的人应设法多尝试一些新颖的生活方式。

例如，可以参加某些兴趣小组或志愿者活动，甚至可以请朋友为我们介绍一些新朋友或是试着联系一下久未谋面的老友。总之，哪怕仅是去一间心仪已久的小酒馆里坐一坐，也会使你的生活稍显不同。此时的你无须太过刻意，因为新的行动轨迹自然会孕育出新的人际关系。

这里，我强烈推荐那种装有吧台的小酒馆。

在这种酒馆里，老板和顾客可以轻松交谈，运气好的话还能结识到与自己意气相投之人。尤其是新开张的酒馆里会经常张贴一些活动启事，由于我非常喜欢喝葡萄酒，所以一看到葡萄酒品鉴会的启事心里就不免蠢蠢欲动。葡萄酒品鉴会原为葡萄酒爱好者们自发举办的活动，相信大家在那里一定会相谈甚欢。

如此一来，除了公司和家里，我们又多了第三个甚至第四个去处。反之，如果你的世界里仅有公司和家里，一旦公司的人际关系出现问题时，连一个临时的“避风港”都没有。即便在公司没有一同用餐的伙伴，但如能在其他地方觅得餐伴也不失为一种心灵上的慰藉。

我们不应盲目地回避或拒绝与人交往，应抱着一种积极的心态来轻松应对各种人际关系。无须刻意讨好、附和对方，旨在找到与自己意气相投之人。

如能掌握一些交际技巧，你一定有机会遇到能共享生命中点滴美好的知己。

趋附他人之人

“附和压”敏感者的特征

那些在人际交往中不刻意讨好对方的人是很难产生附和压的，而对疏离感极敏感的人则恰好相反。附和压就像一种侵袭免疫力较低的人群的病毒，能准确找到对孤独的耐受性较差的受体，并使之染病。

对孤独的耐受性较差者即为附和压易感人群。

那些生活空间广阔、生活方式多样的人对孤独具有较强的免疫力，能通过一种风险分散机制来对抗附和压。

在此有一点须谨记，对抗附和压并不是盲目反对他人的意见。我们可以直抒胸臆，但同时也要考虑到自身见解的局限性。很多对附和压及孤独的耐受性较强的人都善于表达自己的观点，但如果给人以妄自尊大之感，则不免让人敬而远之。

这个世界不存在 100% 的真理。

无论是医学还是其他科学领域，某些数年前还被奉为真理的研究成果现今已成了谬论，此类事情不足为奇。当我们要获得对方认可时，不能只顾单方面陈述自己的主张，还必须尊重他人的意见。唯有如此，才能真正赢得对方的承认。

当我们与对方意见相左时，无须当场提出反对，而应采用某些委婉的措辞。例如：

“也许吧。”

“原来您是这么想的啊。”

……

事后，我们再细细考虑对方所言究竟正确与否。这样一来，在加深对他人理解的同时，也提高了自身对事物的认知水平。

做个“有趣的怪人”会更轻松

我们在人际交往中还应注意一点，就是不要过分强调自己的某些稍显另类的价值观。

常言道“有理不在声高”，如果你太过强调某些与众不同的观点，会给人造成精神压迫感，给人感觉是在批判那些持反对意见的人。

“我的观点如此另类，一定不被理解吧！”

“我的观点如此另类，你们也必须这样想！”

此类言语会在双方之间形成一道无形的屏障，令自己陷入更不被理解的境地。除了轻蔑与冷遇，不会有其他收获。更悲哀的是，这种做法会将你试图接纳对方的良好意愿彻底击碎。

世界如此广阔，人与人如此不同，我们万万不可主动制造某些交流障碍。

只有当你的与众不同给他人带来正向效应时，才有必要贯彻到底。例如：

· 当对方向你征求意见时；

· 当你的所作所为受到对方赞赏时；

· 当你的所知所想有利于对方时。

用一种轻松而若无其事的态度会更容易得到对方的认可。如果一开始就将自己的想法强加给他人，只会招致被反感的恶果。

逃离原有环境能有效避免被欺负

先要改变环境

增加“去处”是弱者应对强者欺负时的有效策略。

尤其是全部生活空间仅有学校和家里的孩子们，如能为他们多提供一些去处会明显减轻他们的心理压力。

鼓励孩子去补习班或各种技能班都不失为增加去处的一种手段。如果孩子受欺负的情况较为严重，则必须要适时改变学校这个去处。

当我儿时因大阪方言而被同学欺负时，母亲并未表现出过度的担心和焦虑，她将一切母爱都融化在行动里。虽然她外表看起来十分强硬，想必内心还是很担心我吧。我们刚搬到东京时一直住在东京郊区的住宅小区，结果我转学后不到一学期，全家又搬到了千叶县的新城区居住。这个新城区里有三栋关西地方企业的员工宿舍，周围邻居都是和我家一样因工作调动而来到此地生活，在这里大家可以理直气壮地讲大阪方言，完全不必在意被嘲笑。

我本身就是一个有些与众不同的孩子，仿佛一生都在“不合群、被欺负”与“合群、好相处”之间摇摆。如果当时父母要求我必须合群的话，肯定不会有现在的我。因此，我从心底感激父母的决定。

父母的职责不是强求孩子去适应周围环境，而是要为孩子创造出适合他们成长的环境。

不要奢望能互相理解

对孩子而言，如果能为他们在家庭之外提供一个被接纳、被认可的去处，会更利于他们的成长。一个个小的成功经验会逐渐积累成他们应对疏离感与孤独的有力武器。

增加去处不仅能解救那些受人欺负的孩子，还能提高孩子的交际能力。例如，当自己的意见遭到好朋友反对时，善于交际的孩子会认识到再好的朋友也不可能拥有与自己完全相同的思维方式及喜好，而不善交际的孩子就意识不到这种差异。他们会因此而心灵受伤以致愤怒或绝望，也可能从此变成一个只知迎合他人的“应声虫”。

那些能从各种去处中不断积累成功经验的孩子知道“世界是如此千变万化，即便是好朋友之间的想法也不可能完全一样”。这是孩子们的思维意识走向成熟过程中的关键一步。

“即便我们的看法不同，但他并未否定我的人格和存在价值，他依然是我的死党。”无论对人还是对己，这种观点都值得提倡。

首先，为人父母者不应对子女无玩伴、无朋友的事情太过恐惧，否则孩子们在这方面遇到问题时便无法正确处理。当父母对此不恐惧时，就会如此宽慰孩子：“这里没朋友可以去别处寻找，这个世上一定有能接纳、认可你的地方。”如此一来，即便是性格内向的孩子也不会因父母的盲从或畏惧心理而使天性受到误导。

也许这种孩子会稍显另类，但绝不会沦为那种毫无自信与主见的庸人，而一定能成为一个有明确自我主张、堂堂正正的出色的人。

反之，如果大人们在教育中给孩子灌输了恐惧孤独、盲目从众的观念，孩子们终将陷入困境而无法自拔。

网络能成为避风港吗

SNS（社交网络）只是临时避难所

我觉得大家尽量不要把上网当成拓宽眼界的途径，而应该将着眼点放在真实世界上。

虽然推特（Twitter）和脸书（Facebook）等社交网络为我们开启了另一扇世界之门，但面对面交谈会更利于双方实现情感互通。

· 对方的表情；

· 说话节奏；

· 视线流转；

· 动作、手势等。

大脑通过对上述信息的综合判断来探察对方的情感变化，对方是赞同还是反对，是在认真倾听还是置若罔闻，而互联网中的文字回复模式是很难做到这一点的。

而且，我们在实际交流中还能通过很多难以言表的情绪来感染对方。例如，当你口中赞成而内心不满时，对方就会感应到你的情绪变化。过度依赖 SNS 不仅有引发网瘾的风险，还会降低对真实的人及事物的依赖度。

归根结底，SNS 不过是一种消遣工具，可将其作为临时避难所，而只有真实世界才会为我们提供真正的避风港。

网瘾正悄然走近当代青少年

近年，随着智能手机的普及，年轻人持有智能手机的比例在不断攀升。据 2014 年的统计数据显示，初、高中生的智能手机持有率分别为 55.3% 和 87.9%（由 DIGITALARTS 调查）。

对孩子们而言，网络是除家庭、学校之外的另一“去处”。然而，目前青少年的上网状况须引起我们的关注。日本厚生劳动省以 10 万人为对象进行的调查结果显示，“疑似网瘾患者”的初高中生占比达 8%，推测其具体人数约为 51.8 万人。其具体表现为：

· 无法控制自身对网络的依赖。

· 除了上网之外无其他任何兴趣。

· 网络给实际的人际关系、学习生活及课余活动带来一定的负面影响。
· 一旦离开网络就会坐立不安、情绪不稳。
· 即使无重要事情也是手机不离身。
· 为了向家长隐瞒沉迷网络一事而说谎。
· 通过上网来摆脱不安心理及不良情绪。

不久前，人们对网瘾的理解还局限于“沉迷网络游戏”这类较窄的层面，现在它已发展成为一种名副其实的依赖症。有研究结果显示，重度网瘾患者的脑部病变情况与吸食可卡因、兴奋剂的毒品患者如出一辙。现在，这种“数码海洛因”正在青少年中间迅速蔓延开来……

网瘾对正处于大脑发育期的青少年的影响尤为严重，决不能放松警惕。

轻度网瘾表现为“无事也上网”“手机不离身”；重度网瘾则表现为“为上网而不去上学”，甚至“一天 24 小时都在上网，无论吃饭还是洗澡”。有的家长为使孩子戒掉网瘾，采取没收手机或断网等简单粗暴的方式，但这样很可能招致孩子们的暴力行为。不难看出，网瘾与酒精依赖症的外在表现极其相似。

在之前台式机较为普及的时代，青少年的上网时间基本能得到有效控制。随着智能手机及手持游戏机走入千家万户，孩子们对网络的依赖程度也日益加重。

初、高中生的网络依赖程度图示

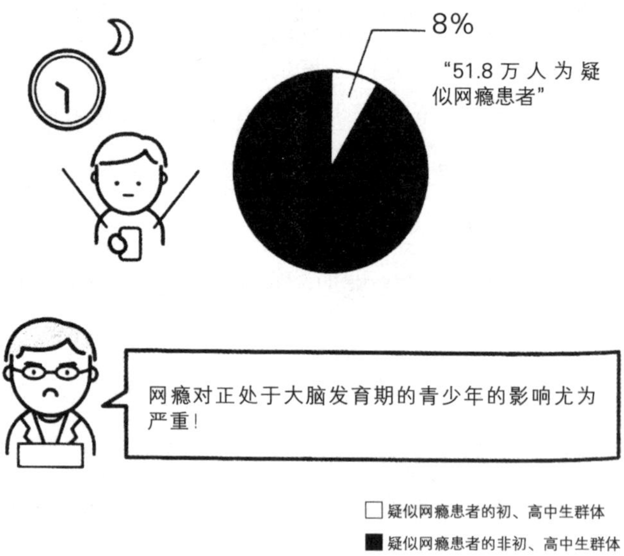

什么！日本竟是依赖症大国

所有依赖症患者的大脑都发生了与吸毒者同样的器质性病变，外在表现为人格丧失、毫无节制。

这里，我不得不指出日本社会对于依赖症太过姑息与纵容。很多国家已开始认识到酒精、赌博以及上网的危害性，并积极推进相应的控制措施。但在日本，无论企业、政府还是媒体，只是一味敷衍塞责。

很多国家已认识到“依赖症就源于那些易让人产生依赖感的事物”。

包括日本在内的很多国家推行的极其严格的禁毒令就是为了彻底消灭这种最易引发依赖症的病原。对于大麻这类无法完全禁止的药品，各国还共同制定了“国际追踪机制”。

为了控制赌博，美国的拉斯维加斯及中国澳门等大赌城都设立了相应的管控机制，其经营场所均设在远离生活区的地方（上述事件使东京意图修建赌场的构想显得极为愚蠢）。即使有些赌场离生活区较近，管理方也会设法控制其营业时间。没有哪个国家的国营博彩业（如赌马等）是每天都营业的，这样能大幅降低人们患上赌博依赖症的风险。

为了控制饮酒，法国及瑞典等国全面禁止播放酒类电视广告，还有很多国家已开始严格限制低价酒的销售。去过美国的人都知道，在美国的很多州，一旦过了夜里11点，便无法从任何店铺里买到酒。

为了控制网瘾，中国和韩国等一些因网游而引发社会问题的国家都做出了表率，尤其是严格规范儿童的上网时间。同时，美国也制定了诊断网瘾的相关标准。

相比之下，日本的应对机制远不及上述国家。很多日本人下班后如果想赌博，就会去弹珠厅消磨时光；如果要喝酒，24小时便利店随时为他们敞开大门。电视上各种酒类广告铺天盖地，孩子们几乎人手一台手持游戏机，而面对此情景的父母们竟然毫不在意。总之，国家的应对举措让人失望至极。

严把关，对依赖症说“不”

既然国家无法指望，那就必须靠我们自己来拯救自己。

首先，要了解依赖症的危险性。

即脑中首先要有“拒绝依赖性行为”“抵抗依赖症”的意识，设定“自我管控红线”。

· 设定时间红线。

· 设定数量红线。

· 设定频率红线。

如此能大幅降低患上依赖症的风险。

尽量延迟青少年使用智能手机及游戏机的年龄，这样可有效规避他们患上网瘾的风险。

如果孩子们受到周围朋友的影响而强烈要求家长购买游戏机，家长应耐心对孩子进行开导教育。如果家长给孩子购买了相关产品，就要事先和孩子商定好使用时间。顺便提一句，在“微软之父”比尔·盖茨的家里，他规定女儿使用电脑的时间为平日 45 分钟（除去写作业的必要时间）、休息日为 1 小时。只有家庭设定严格的时间红线，才能保护孩子们不受网瘾的侵害。

如能善加利用网络，它不仅会成为促进不同地区、国家的人们交流的有效工具，还会成为获取各种信息的渠道。如果把网络当成一个结识朋友、增加去处的途径，就会有染上网瘾的风险，因为网络终究只是一种工具而已。

我们应及时将上网的各种利弊告知青少年，并要让他们知道只有真实世界里的好友才是照亮整个人生的明灯。

第七章

不要太较真

为何要活给别人看？好人更需真情流露。

舍弃表面功夫

每个人的思想都是自由的

日本著名导演北野武曾说过：“很多人一起闯红灯就不必担心。”当时很多人都对此观点表示出或赞赏或钦佩的态度，然而我却从中嗅到了一种弥漫于现代人之间的虚与委蛇、不敢直言的味道。现在我们很难看到那种敢于在众人面前直言不讳的人了。

除了某些电视节目中的毒舌评论员（这类人的评论是有计划性的）之外，其他节目里均是一些无关痛痒的奉承话、场面话，我们看不到敢于说真话的人，因为电视台对他们是敬而远之的。

真是一个名副其实的假想和谐社会啊！

同时，父母在教育子女时也过分注重表面功夫，不知不觉间剥夺了孩子们思想上的自由，并最终使他们成为假想和谐社会中的一员。

孩子们的心灵和思维都是自由的

有些事不可付诸行动，但怎么想却不受他人控制！！

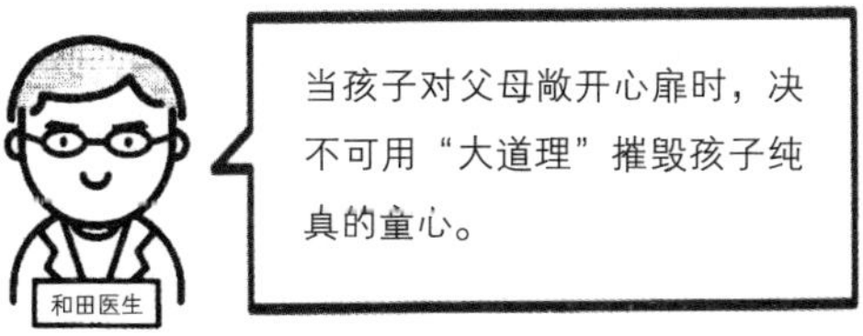

当孩子因与朋友吵架而向父母倾吐自己的不满时，家长应如何做呢？

我想大多数家长都会先批评自己的孩子，然而这些家长却无意间走入了另一个误区，因为自由思考是每个人都享有的权利。

孩子会自然而然地把父母当作倾诉对象，如果父母一味限制孩子吐露心声就会剥夺他们自由思考的能力。

“表面化”教育模式的巨大陷阱

从心理学的观点来看，孩子在幼年时对母亲的依赖性较强，而在青春期则表现出更强的自我意识。处于幼年期的孩子与母亲无话不谈，对母亲非常信任与依赖，他们相信母亲与自己心意相通，要是有人敢说母亲的坏话，自己会和母亲一起还击对方。

然而，当孩子进入青春期后，渐渐有了难以对母亲言说的秘密。例如“有了喜欢的异性”或“开始讨厌父母身上的某些缺点”等。此时，孩子的倾吐对象从父母变成了朋友，因为朋友间可互相分享那些心底的秘密。

尤其是那种能畅所欲言的好友更是他们心中独一无二的

存在，这也是孩子们发育成长的基本模式。

如果家长未能给孩子营造出安稳、放松的环境，就会使青春期的孩子陷入误区，以为自己罪大恶极，甚至不敢在朋友面前敞开心扉。

孩子在幼儿期与父母的关系会给他今后的人际关系带来深远影响。现在，外表看似八面玲珑而内心却极度恐惧说真话的“从众型孤独症”患者越来越多，究其根源，很可能是幼年时的亲子关系对其成长造成了不良影响。

很多父母都竭力为孩子创造一个能畅所欲言的环境，并自认为已尽力，但实际上却做得远远不够。他们总在不知不觉中堵住孩子的嘴。也许，就是那些下意识的动作或语言将孩子们想诉说、想倾吐的美好愿望击得粉碎。

轻视他人原无可厚非

当孩子跟朋友吵了架，回来对你说“那家伙脑袋有问题！”“不管那个大傻瓜！”时，你可先报之一笑，然后说：“我知道你很委屈，但不能在大家面前说这种话哟！”或是“是吗？你觉得那孩子很蠢吗？不过，你要是在学校这么说就会被大家讨厌哟！”

如此一来，你既表示了对孩子的理解，又教会了他为人处世的方法，这要比板起面孔教训他“不可以这样说”或是“说这话的都是坏孩子”等更有效也更聪明。

其实，好胜心及攀比心并没什么大不了的，只是要学会如何控制这种情绪。而父母们要做的就是倾听并接受孩子们的内心世界。

当孩子向你吐露心声时，既不能用社会规范约束孩子，也不能表现得模棱两可，这样能充分锻炼孩子的思维能力。如果幼儿期的孩子无法在家中畅所欲言，那么他就失去了能说心里话的地方。孩子与大人不同，只能被动接受某些事物，当孩子所处的家庭失去了应有机能时，他们所受的心理打击是最致命的。

那些曾有过不被家长接纳的经历的孩子，即使长大后也常常会质疑自己的言行是否合乎规矩，由于太在意他人的想法，以至对好朋友也无法敞开心扉。

有时，敢于说真话意味着克服了“怕被人讨厌”的恐惧心理。这条原理同样适用于成人。

通过跟父母及好友进行开诚布公的交谈，会让心灵获得某种程度的放松与满足，使我们的精神世界挣脱世俗的束缚而更加自由。

可以说，父母就是最先赋予孩子这种自由权利的人。

在家里更要敞开心扉

这不意味着父母要无条件地迎合孩子，当孩子的意见错误时，父母应及时将自己的想法告知孩子。好友间的相处也是如此。

父母应事先给孩子树立“我们的想法仅供参考”这样的观念。

为实现与孩子的真诚沟通，首先应通过不断深入式的自我问答来训练自己的思维能力。我们不能盲目赞同或反对某人，否则判断的天平便会倾向那些“强势者”而无法对事物做出客观评价。如果你只会用“社会行为准则”“长大了就会明白”以及“都为你好”这类话搪塞孩子，早晚会被孩子看穿，从而失去作为家长的威信。

我认为，如果父母能将自己深入思考后得出的想法准确地传达给孩子，即便有些想法稍显偏激，也会更利于孩子的健康成长。

为实现与孩子的无障碍交流，请为他们思考的土壤中注入充足的养分吧！

你在为谁当好人

将压力转化为动力

瑞典的低出生率及人口老龄化问题比日本更加严重，该国曾计划修建一所设施及服务都堪称完美的养老院（名为“PLEJEHJEM”）。他们欲将养老院的每个房间都做成独立的无障碍式房间，让所有入住者在饮食起居等各个环节上都享受到细致入微的服务。然而，让所有人都没想到的是，这家“梦幻养老院”竟于 1988 年停止建设，其原因是公众认为完全无障碍式的房间及过度看护会加速老年人的身体衰老进而有损健康。

彻底消除一个人面临的压力与困难，反而会给身体带来不良影响。当一个老人无法用残存的身体机能来克服生活中的某些不便时，他的身体便会迅速衰弱下去，每天只能以睡觉的方式打发时间。

虽然很多人都对压力避之不及，但适度压力对保持身心健康是非常必要的。

其实，压力也有“良性压力”与“恶性压力”之分。当个体面临困境时，良性压力会激发自身干劲、增强进取心，使个体获得成就感并推动自身成长。它仿佛是让人生变得更有张力、更具味道的香辛料。

然而，恶性压力会带给个体难以承受的重负，并最终将个体的精神世界彻底压垮。

当人们感受到良性压力时，满足感会刺激脑激素不断分泌，从而使自律神经高效工作并提高人体的免疫力。而恶性压力会使个体心神不宁、机体活动停滞，从而使自律神经出现过敏反应，以致影响人体的健康及样貌。

好人更易受恶性压力的影响

一个人的心理承受能力决定了压力转化的走向，我们每个人都可以通过心理锻炼来增强自身的承受能力。

这就是新职员在面对新工作时备感压力，而老职员就能气定神闲地顺利完成的原因。年龄及阅历不同的人对同一压力具有不同的抗性，当你所处的立场发生变化时，恶性压力会转化为良性压力。

正如我们锻炼肌肉一样，进行适度的心理承受力的锻炼

（切勿过度，否则不利于身体健康）会增强我们的抗压能力。锻炼肌肉用健身器，而锻炼心理则用压力。如此一来，之前的恶性压力会在不知不觉间转化为良性压力。当个体自身的抗压能力得到进一步提升后，会持续地将更深程度的恶性压力转化为良性压力。

逐步提高个体面临的压力，会有效增强心理承受力，使个体能从容应对各种困难局面。**其中，孤独与疏离感也是人们经常面临的压力之一**。当你的心理承受力得到加强时，对压力及孤独的适应性与调节能力也会自然得到加强。

不过，正如每个人对肌肉锻炼的适应性不同一样，心理承受力锻炼效果的个体差异也较为明显。例如，某些抗压性较差或极易感情用事的人就不适于此种锻炼，这类人大多做事认真、心思细腻，是周围人眼中的“老好人”。

我建议这类人进行心理承受力锻炼时，应以完成课题的形式给自己设定任务，而且开始时要回避那些易造成过大心理压力的难题，应选择一些内容轻松、极具可行性的课题。例如，每天早起30分钟去公司、比别人多做出两份工作企划等等。如果你正在犹豫要不要加入某个健身俱乐部或是否邀请女友看场电影时，就应立即付诸行动。

当你适应了某些压力后，可继续加大难度或用其他压力来锻炼自己。通过给自己施压的锻炼模式，总有一天你会发现自己能轻松应对来自外界的各种压力。

凡事都要“一颗红心，两手准备”

越是认真的人越容易将目标设定得过高。他们的特点是做事超前、从不懈怠。

当他们按计划提前完成工作时会非常欣喜，因为这不仅利于自身的快速成长，还能收获巨大的满足感与成就感。

不过，人生无常，并非每件事都能如愿。当认真的人遭遇困境时，更易受到失落、自责等不良情绪的影响。

过度追求完美主义会使紧张的神经骤然崩断，持续积累的恶性压力会让人身心俱疲、丧失自信。为了避免此种情况，这类人应拒绝再做“老好人”，凡事不必太在意他人的看法，也不必太钻牛角尖。

即便某些目标未能顺利实现，也并非一无所获，完成多少就等于向前推进了多少。

昨天没做完的事可以今天或明天做，不要为了“老好人”的名头而对自己太过严苛，偶尔的失败原也无可厚非。除了那些决定人生走向的大事件之外，我们完全没必要事事都超前。循序渐进、积少成多无论对心理锻炼还是肌肉锻炼都更为有益。

第八章

勇于暴露弱点

越自信的人越不介意自身弱点，
朋友也会主动靠近。

无须太在意他人的想法

得众人相助者究竟有何魅力

你是否太过在意他人的看法呢？例如：

· 在意他人的目光。

· 在意他人对自己意见的看法。

· 只想将自己好的一面展示给他人。

换言之，在意他人看法的实质就是对他人的过度关注。通过想象对方的情感变化而采取一种不伤害对方的交流方式，这种做法本身无可厚非。

然而，“不示弱”的处事原则会让你的内心极度疲惫。那些在公司里呼风唤雨、工作能力极强的人，往往内心都非常脆弱。

据我多年对老年精神医学的研究发现，那些担任过经理或其他重要职务的老人在退休后大致分为两类：

一类人外表傲慢、生活优越，自尊心极强且不喜向任何人示弱，极力维系着退休前时周围人对他的印象。

另一类人态度随和、举止文雅，让初识者丝毫想象不到他们之前曾担任过重要岗位。他们并不在意暴露自身弱点，既能时常与下属们叙旧，也能在养老院里与其他老人相谈甚欢。

研究发现，前一类人更易受到老年抑郁症及疏离感的侵袭。他们无法改变长久以来形成的个性与处世态度，表现得过于自尊，因此很难交到朋友，只能独自挨过无趣的退休生活。

相比之下，人们更愿意接近那些敢于“示弱”的人，因为此种态度更利于构建融洽而和谐的人际关系。

可以说，是否敢于示弱会给人们的抗孤独能力带来巨大影响。

越自信的人越不怕暴露弱点

有人认为示弱会让他人对自身价值产生怀疑。然而，事实却恰恰相反。

那些敢于示弱的人往往非常自信。因为示弱代表着自己已充分认识到了自身的不足及弱点，他们要比那些一味逞强的人显得更为自信、从容。有些人外表强悍、态度傲慢，其实他们只不过是在极力掩饰自身的弱点，就像那些狂吠的小型犬一样，明眼人一下就能看穿他们外强中干的本质。

况且，人总是习惯于看对方的长处。很多自己看来不足称道的地方，在对方眼里竟成了优点，甚至还会被他人羡慕。因此，无论你如何暴露自身缺点，对方都不会太注意，因为每个人都不会用那么多精力来关注他人。

所以请尽情地示弱吧！

人步入老年后，一时很难改变年轻时养成的习惯，所以应尽量采取一种弹性的思维方式来锻炼自身的包容度，以达到敢于示弱的目的。

我认为，这是让晚年生活乃至整个人生变得更加幸福的催化剂。

无须做到长袖善舞

朋友越多越了不起?

对于如何消除疏离感，很多人第一时间会想到要多交朋友。

我们可以通过各种社交活动广交朋友、充实人脉。有些人喜欢充当焦点人物与大家放声谈笑，或是充当领袖人物带领大家一起玩耍，而且非常喜欢照顾别人，说到底他们就是那种“最受欢迎的人”。

那么，这种所谓“朋友越多越了不起”的风潮究竟始于何时呢?

我认为，该想法很可能由“交际能力”一词衍生而来。

如果您读过之前的内容就会明白，**朋友再多也无法减轻自身的孤独与疏离感**。只有那种真心相待的知己（哪怕只有一个）才能帮你对抗这种不良情绪。

然而，社会中“多个朋友多条路”的观念让很多人都以朋友多为荣、朋友少为耻。其实，交友多少不能一概而论，因为交朋友不能以数量作为评判标准而要看双方是否心意相通。现在，很多人之所以不明白如此简单的道理，就源于对“交际能力”一词的理解有误。

交际能力是指一个人所具备的出色的解释说明能力与自我表达能力。当交际对象为初次相识的人，所谓的“交际能力”充其量表现为能准确使用寒暄语。

总之，人际交往的前提是能准确地表达自我主张。

心理医生为提高患者的交际能力，常进行一种“确立自信心训练法”（assertiveness training），即训练患者与他人平等进行坦率而真诚的交流的能力。“assertiveness”一词就是“主张”“断言”之意。然而，该训练的目的不仅是让患者表达自己的意见，还要通过一种易于让对方接受的方式来表达，这种能力就是交际能力。

然而，交际能力总被人们理解为“善于察言观色”或是“善于取悦他人”。就像那些擅长英文的日本人，他们可以和外国人自如交流，甚至成为朋友。不过，假如这个人言之无物、举止冒失，只知一味附和，即便他英语水平再高也无益于加深双方的交流。

此外，某些世界著名学者、当红棒球选手的英语虽不能称为上乘，但并不妨碍他们与外国人顺畅交流。因为，只有对方对你抱有浓厚兴趣时，英语才能成为一个促进交流的工具。

如果英语真是交朋友的利器，那所有美国人岂不都成了好朋友？事实却并非如此。英语只是一个先决条件而已。

所谓的“交际能力”也同样如此。

坦诚与率真是法宝

有些人谈吐幽默，善于活跃气氛，经常成为人群中的焦点。不过，当你和他进行面对面交谈时，若出现交流不畅或被对方故意戏弄的情况，你会作何感想？想必对他的好印象会大打折扣吧！

无论一个人的交际手腕多么高超，如果无法与他面对面地促膝长谈，那么双方的关系只能止步于此。你与他无法构建互相理解与信任的关系。这类人或许具备一定的交际能力，但并不具备交流能力。

当今社会有一种奇怪的现象，即不看重交流能力而只把交际能力当作评判个人能力的标准。如果一个人的交流能力很强但不善于交际，别人就会认为他古板、土气。

不过，当你将“求精而不求多”作为交友标准时，所谓的“交际能力”（=察言观色及取悦别人的能力）也就没有那么重要了。提高交流能力更益于构建健康、互信及亲密的朋友关系，这一点是交际能力远不能与之相提并论的。

当然，我并没有全盘否定交际能力的意思，只想提醒人们无须过度夸大它的作用。那些不具备交流能力，而只想单靠交际能力闯过人生中惊涛骇浪的人，其未来着实让人担忧。

说到底，交际能力仅能在朋友圈内发挥作用。一旦场合改变了，某些法则就不再适用，就像与外国人交往时，原有的交际能力完全派不上用场。

然而，交流能力却能超越场合、对象而发挥效用。当你能将自己的主张用一种易于让对方接受的方式表达出来时，即便双方所处的社会体制不同，这种“自我”存在感也会给对方留下深刻的印象。

如果你能按书中所述进行思维训练，就会逐步培养起自己独有的思维方式与价值标准，并由此确立自我主张。建立自身价值标准对每个人的意义都非常重大，当你用独有“标尺”去衡量其他事物时，能进一步提升自己对事物的认知能力。

同时，我们在表达自我主张时，无须太在意交际技巧，也无须刻意讨好对方，只需用坦诚、率真的态度让自己处于与对方平等的位置，从而更加自信地来表达自己。这就是“确立自信心训练法”。对此感兴趣的朋友，可参照相关书籍来进行训练。在此，我强烈推荐安娜·迪克森（Anne Dickson）写的《第四种生存方式——展现自我的自信心训练法》（神谕书房新社）。

不善言辞者的交际秘诀

很多不善交际之人都很害怕在人际交往中会出丑或给对方带来不快。这里，我就介绍一种通过暴露自身弱点来弥补交际能力不足的秘诀。

那就是——**充分提高自身的坦诚度。**

例如，当你首次代表公司去商谈某个大项目时，可跟对方说："我知道这是一项非常重要的工作，所以现在非常紧张。"或是："能和贵公司合作让我备感荣幸，内心非常激动。"如果这些话出自一个善于交际的人的口中，不免给人以油滑之感，但若从一个不善言辞的人口中说出，反而能让对方感受到你的真诚。

再比如，当你想和某个心仪的异性约会时，可跟对方说："一看见你，我就手足无措。"或是："这是我第一次想和女孩约会，不知该怎么做，能否和我一起吃个饭？"虽然这些话稍显忸怩，但绝不会引起对方的反感，坦率地表明心意更容易打动对方，也比那些故作沉稳、油嘴滑舌之人更能博得对方的好感。

很多不善交际的人都因太在意对方的反应而不敢讲出心声，不过凡事只有说出来才可能被理解。如果你不说，对方是无法明白的，反而会认为你举止荒疏、难登大雅之堂。主动展示自身弱点不仅能改变他人对你的成见，还能加深双方的了解。

因此，不善交际的人无须妄自菲薄。

只是**为了避免被误解，应试着将自己的真实想法及情感告诉对方。**

功利主义者的悲哀

搞垮日本的拜金主义

我认为，盛行于当今社会的错误价值观是导致人们对交际能力产生错误认识的根本原因。

例如，崇尚“会赚钱的人比追逐梦想、坚持信念的人伟大”“金钱比社会地位及名誉更重要”的拜金主义就是最具代表性的一种价值观。

记得我上高中时，班上有好几个男同学的父亲是滩市（日本兵库县神户市东部）当地娱乐行业里呼风唤雨的人物。然而，他们从没想过要继承家业，而是想成为医生、律师这种有一定社会地位的成功人士，因此拼命学习考入了滩市市立高中。同时，他们的父母也非常支持他们。至少在当时，很多家庭都认为社会地位及名誉要比金钱更重要。

时过境迁，现在越来越多的人习惯把金钱当作衡量人成功与否的标准，而不再是当初的就读学校的知名度、自身的名誉及地位等。

赚钱并非恶事，可有些人却在贪欲的驱使下抛弃理想、丧失人格，他们勾结政客，通过榨取穷人的血汗来塞满自己的腰包。对于那些把梦想放在第一位的人而言，这种做法他们是绝不会苟同的。

正所谓“一样米养百样人”，有人以赚钱为乐，也有人愿为理想献身。然而，在这个原本应存在多重价值取向的现代社会里，人们对金钱的看法却出奇一致。也许这就是导致现代人生活压力过大的原因之一。

女性改变世界

当今日本社会简直就是一个“笑贫不笑娼”的社会，也许这么说有些偏激，但我们的确看到有的人不愿努力提高自身素质，对错误采取视而不见的消极态度，还有的人为了自身利益，可以若无其事地做出一些损人利己的事。

类似事情还发生在一些教育考试的相关环节，比如办公自动化能力测试及学生综合素质测评。在我看来，办公自动化能力测试就是一项华而不实的考核，它只注重个人的外在表现而不重视实际能力。而学生综合素质测评考察的就是学生的交际能力，那些表现得很活跃且善于跟老师打交道的孩子能获得常规考试之外的加分。

假设两个学生在考试中分别得了100分和80分，但他们会因为老师的态度不同而获得不同的测评分数。前者可能因为不会讨老师喜欢而只得到4级评分，而后者却可能因为会讨老师喜欢而得到5级评分。

由此可知，“善于曲意逢迎者即成功人士”这种风潮的始作俑者就是学校的教育体制。于是，越来越多的孩子认为讨好老师要比努力学习更重要。

我认为要改变这种拜金主义、功利主义的现状，很大程度上取决于女性选择人生伴侣的态度。她们应该选择那些更有志向、更重视名誉的男性，而不要太看重多金男。当然，这仅是我的一孔之见。

一般来说，凡是进取心强的男性，其雄性激素分泌也较为旺盛，更容易获得女性的芳心。个体身上的闪光点是推动事情向前发展的重要动因。

比起国际红十字会的医生和胸怀大志的创业者，当今女性更崇拜那些暴发户，如果她们的观念不发生转变，那么这个社会就依然是一个拜金主义的社会。可以说，女性决定了社会主流意识形态。

男性改变家庭

也许有的女性朋友听了上述言论会愤愤不平，不满我把世风日下的责任都归结于她们。我并非要将责任推卸在女性身上，而只是想强调女性的选择是左右社会潮流的重要因素之一。

那么，男性应承担的责任又是什么呢？我认为，男性具有为家庭掌舵的重要责任，这同样也是我的个人观点。

假设有一个喜欢画画的孩子，当其他学生利用课余时间踢足球或玩躲避球时，他却独自在教室一声不响地画画。作为这类孩子的父母，又有多少人能真正认可他们身上的优点呢？我想大多数父母会逼迫孩子和别人一起玩，尽管自己的孩子并没做错什么。有些父母一旦发现孩子身边没朋友就慌了手脚，只知一味指责孩子，妄图通过外力来改变孩子的原有个性。

父母的教训不一定都利于孩子成长，因为人的性格是很难改变的，与其绞尽脑汁地让他克服缺点，不如尽可能发挥他的长处。

很多为人母者都表现出对孩子关注度过高的倾向，她们不仅会担心孩子没朋友，还喜欢左右孩子的个性及思维方式。

这可能源于女性对脱离群体者的天生敏感。如果此时父亲也表现得忧心忡忡，那么孩子很容易产生“我没有朋友”“我是失败者”这种自卑的想法。所以，此时父亲必须坚定地站在孩子一边。

在当今这个功利主义社会里，很多人认为那些不善交际、勇于追梦的人是徒劳无功的弱势者。所以，很多男性也开始害怕没朋友、被排斥，从某种意义而言，他们也很无奈。

然而，那些不善交际的人、追求理想的人并非都是徒劳无功。

我们应充分了解每个人在个性、能力上的差异，无论对自己还是孩子都要做到扬长避短，这样你终归会有所收获。

无论拜金主义还是功利主义，只会让社会变得更加僵化而死气沉沉。我们至少要在家里创造一个让所有家庭成员都能和谐相处的宽松环境。当父母中有任何一位表现得惊慌失措时，另一位必须要给予其他成员充分的安全感。尤其当家庭航船的舵手判断失误时，身为男性有责任将这条航船重新带入正确的轨道。

而且，“示弱”也绝非徒劳无功。

第九章

借助专业人士的力量

大胆讲出心声，思路会更清晰。

精神医学离我们并不遥远

日本人对心理咨询的关注度普遍较低

日本人对精神科及心理诊疗内科并不陌生，心理咨询也不再是什么新鲜事物，然而很多人对它的关注度却不高。

当你听到心理咨询一词时，是否认为它所针对的人群就是心理疾病患者？

很多日本人对自身的心理问题都抱着或侥幸或忍耐的态度，而欧美人对待心理咨询却轻松得多。

“嗨！医生，我又来喽！”

“大夫，你听我说啊！”

欧美人常用这种轻松的口吻来向医生倾吐他们在生活中的各种不如意。

之前我阐述了“朋友”对减轻心理压力的重要作用，欧美人则更愿意借助心理师的力量。日本人在面对问题和烦恼时，倾向于自我化解，很多人认为接受心理疏导就是无能的表现。然而，欧美人的看法正好相反。他们认为**“心理疏导**

日本和欧美对于心理咨询的认识竟然如此不同

能轻松地讲出自己各种烦恼的常规到访地

患上心理疾病时才会想到的
特殊救助站

能帮助人们更好地管理自己”。甚至有人认为：“没有心理疏导，自我管理也无从谈起。”

在日本似乎有这样一条不成文的规则，即只要不患上心理疾病就绝对不去接受心理咨询。因此，很多患者都是在心理承受力已达极限时才想到心理咨询。然而，这种事后诸葛亮的做法究竟能有多少效果呢？所以，当你对自身心理的异常变化稍有察觉时，就应及时接受心理咨询，我们应像爱护身体那样去关爱心灵。

“自我管理”就是——通过规律化的生活及行为来保持健康从而不断提升自己。

但是，这并不意味着任何事都要自己扛。我认为夜总会的陪酒女和来路不明的算命先生并无益于解决自身的心理问题，求助专业心理师才是明智之举。

为数不少的咨询平台

在日本，除心理咨询师外还有很多专家能帮助我们解决各类问题。

· 想调整心情时可求助临床心理师；
· 因老人的看护问题而苦恼时可求助专业护工；
· 因痛失亲人而备感痛苦时可求助心灵治愈顾问；
· 受到上司的性骚扰时可求助公司的劳务负责人或律师；
· 因职场的人际关系而苦恼时可求助商务顾问；
· 因夫妻关系而苦恼时可求助婚姻生活顾问；
· 出现各种家庭问题时可求助家庭协调员。

为能更好地进行自我管理，我们也可在必要时求助各类咨询机构。专业人士能帮我们逐渐打开心结，不再郁闷、压抑，让我们摆脱受害者式的思维方式。

当现实生活中发生倚强凌弱的事情时，受害者式思维是一种促进问题解决的必要情感，同时也是旁观者采取的一种自我保护措施。然而，过度沉浸在受害者式思维中，会让人情绪压抑，错过真正的幸福。世上的任何问题都有解决方法，而惯于受害者思维方式的人却容易在处理事情时走入极端。

因此，各类专家或阅历丰富的人能帮我们进行客观而理性的分析，让我们充分认清自身处境。唯有如此，问题才有可能得到解决。

试着讲出心声

“说出来”与“想明白”

找他人商量既利于自己做出正确判断，又利于发现自身问题。**很多内心纠结不清的烦恼在说出口后自会一目了然。**

例如，某位母亲因每天训斥孩子而苦恼不已，虽然她想学会春风化雨式的教育方法，但总也控制不住自己。如果她能逐一讲清自己训斥孩子的理由和情形，就会明白问题究竟出在哪儿。有的母亲是由于孩子乱扔玩具弄乱房间而心绪烦躁，有的则是因为自己儿时常被母亲训斥而在性格上受到了潜移默化的影响。如果是前一个原因，母亲可以做一个适于孩子使用的玩具收纳箱，如此便能轻松解决问题；如果是后一个原因，则要通过专门的心理咨询来疏导个人情绪，才有可能使问题得到根本性解决。

只有充分认清问题根源，才能找到有针对性的解决方案。

因教育方法不当而苦恼的
父母在接受心理咨询时

当然，有些教育问题的成因较为复杂，并非单一方法能够解决，然而主动开口求助他人总好于独自痛苦，这也有助于厘清自己的思路。如果以此为切入点，最终一定能找到解决问题的方法。

当你向他人咨询问题时，会设法先将事情说清楚，如此一来思路就会变得清晰。“说出来”体现出个体敢于直面问题、解决问题的积极态度。

善于借助他人之力者多事半功倍

在我的朋友中，有两位性格完全不同的销售员。

A 先生的依赖性稍强，凡事喜欢借助外力，一旦工作不顺或遇到麻烦时会立即找别人帮忙。而 B 先生性格耿直、做事一丝不苟，是个完美主义者。无论多么棘手的工作他也会毫无怨言地接受，并且做得尽善尽美。

虽然这两个人都很优秀，但实际上 A 先生更为成功。其原因也很简单，因为 A 先生遇到难题时懂得求助他人或听取他人的意见。相比之下，独自默默奋斗的 B 先生就显得较为孤立，他的处世风格让别人没机会伸出援手。因此，善于借助外力的 A 先生的工作效率更高，由于赢得了上司、学长及合作商户们的好感，他经常被委以重任。不懈努力是一种珍贵的品质，如能善加利用外力会让我们变得更强大，同时也会带来事半功倍的效果。

从心理学角度而言，善于借助他人之力者才是真正意义上的“成人”。

那么，如何借助他人之力才能让我们的工作更高效、生活更美好呢？这就需要你重新审视自身的思维方式与行为方式，此过程被称为“高级自我认知”。

“高级自我认知”较完善的人能客观认识自己，且解决问题的能力也较强。与其独自苦闷，不如求助他人，这样会更利于问题的解决。而且，他人的建议能帮我们厘清思路、打开心结。如果对方是专业人士，你的收获会更大。

我们大可不必凡事都自己扛，很多时候尽可以求助他人。

增加选项

专业人士能提供更多的解决方案

当你向专家咨询时，切忌不要误解对方话语中的含义。

记得在发生某个刑事案件后，记者请我分析一下罪犯的人格特征，当时我的回答竟与实际情况完全吻合，这也让很多人对精神科医生的专业能力惊叹不已。

我认为专业人士能提供更多的解决方案。当然，这个说法可能会让那些只求最佳答案的人失望，然而只有能为你提供多种思路与方案的人才称得上专业人士，因为他们既不是超能力者也不是预言家。

心理咨询也是同样道理。

如果你在接受心理咨询时，对心理师抱着“他能看清任何问题”“他肯定能教我一个最有效的方法”等过于主观的想法，结果肯定是收效甚微。

因为职业心理师不是为求助者提供具体的解决方法，而是提示给他们多种可能性及选项。

最终做选择与解决问题的人还是当事人自己。心理师只是为你的决定提供智力与心理上的支持而已。

选项越多越有底气

我经常听到很多家庭主妇这样抱怨："我每天起早贪黑，把这个家收拾得井井有条，还为丈夫和孩子准备可口的饭菜，可他们从未当面称赞过我，似乎认为一切都是理所应当的。"虽然主妇们偶尔发发牢骚没什么大不了，但长此以往也会让人情绪低落、心生厌倦。

最近，一些主妇开始在脸书及博客上发布一些家居、厨艺等生活照，并互相点赞。她们将自己做家务时的样子展示出来以求得他人的称赞，自己也会因此获得更大的动力。

为了获得点赞，主妇们对所用的照片都是精挑细选，这样能更易获得其他主妇的认同。当彼此间确立起同盟关系后，不仅没人认为晒照片是一种炫耀，还会收获更多的赞赏与鼓励。况且，对于忙了一天的主妇们而言，偶尔上网发几张照片根本不会有染上网瘾的风险。

我觉得，这正是善用社交网络的典型案例。

我要再次强调一下，战胜孤独的最佳方法就是拥有

多个依赖对象与选项。

个体拥有的选项越多，内心就越有底气，对孤独的抗性也越强。调整心理状态的最佳方法就是让自己有多种选择。我们可以尝试接纳对方的弱点，可以找好朋友倾诉烦恼，可以找心理咨询师疏导情绪，可以构筑一种互相点赞的朋友关系，甚至还可以思考一下自己究竟应如何直面孤独。

通过多种选择来逐步化解孤独不仅能增强人们对孤独的耐受性，还能使孤独成为人生中的一剂调味料。这正是以孤独为友的真正意义所在。

如果你每天都能向前迈进一小步，终有一天能确立起个性化的“我本位”理念，并能从多方位、多角度来进行自我审视和自我疗愈。归根结底，只有我们自身才能对自己的内心世界和孤独进行最完美的诠释。

后　记

谢谢各位读者一直陪我走到这里。

想必看完本书的朋友一定能体会出，本书不仅仅是告诉人们如何战胜及享受孤独。有一本名为《被讨厌的勇气》的书，曾占据畅销书排行榜长达近两年时间。

阿德勒对人类与生俱来的好胜心抱着肯定态度，同时又承认人类的集体主义观念。当初，我曾认为“集体观念”与“不惧怕被讨厌”是相互矛盾的。然而，当你读了这本书以及阿德勒的著作后就会明白，集体观念并非一味屈从于集体，而是要在集体中寻找自己的同盟者。

“与众人为友”的态度能让我们变得更加友善而乐于助人，然而只有真正的朋友才能让我们敞开心扉，不惧怕被他人排斥。

其实，我与自己长期研究的一位美国心理学家——科胡特抱有同样的观点，即只有明确“心理医生与患者同为普通人”的观点才会使晚年的自我认同感与存在感更强。

以孤独为友并非是去习惯或忍受孤独，而是要在孤独中寻找一个知音，以此构筑起应对孤独的屏障。反之，那些看似交友甚广的人如果没有一个能倾吐心声与烦恼的对象，他在本质上仍是一个孤独者。

只有找到真正的朋友，才能消解这一难题。在此过程中，即使偶尔遇到挫折也不要灰心丧气。也许在外人看来这样的人有些格格不入，但他们的内心世界一定是轻松而愉悦的。

勇于承认孤独并主动寻找真朋友、好伙伴的人，要比因恐惧孤独而刻意伪装的隐形孤独症患者拥有更加积极的人生态度。

如果这本书能让您不再回避孤独而学会与孤独为友，那将是作为作者的我的一大幸事。最后，我要向大和书房出版社的藤泽阳子和藤村美穗女士致以诚挚的感谢，她们在这本难以定论的“另类”书籍的编辑方面给予了大力支持。

和田秀树